화학자K의
추리
과학실

이광렬 지음

사건 파일 30개로
단숨에 필수 과학을 잡아라

블랙피쉬
Black Fish

"이 책은 흥미로운 추리 서사를 통해 기체 법칙, 용해도, 고분자, 연소 반응 등 핵심 과학 원리를 자연스럽게 이해하도록 이끕니다. 단순한 공식 암기를 넘어, 현상을 꿰뚫어 보는 과학적 사고의 힘을 길러 준다는 점에서 매우 인상적입니다. 학생들이 일상 속 사건을 과학의 시각으로 바라보며 스스로 질문하고, 창의적 사고를 확장해 나가는 데 든든한 길잡이가 될 것으로 기대합니다."

김대형 서울대학교 화학생물공학부 교수

"지루하게만 느껴졌던 화학 개념이 긴장감 넘치는 사건 해결의 실마리가 되는 순간, 여러분은 어느새 화학의 매력에 빠져들게 될 것입니다. 화학을 가르치는 제가 추천하는 공부법은 하나의 개념을 다양한 시각과 상황에서 바라보는 것인데요. 화학 탐정을 따라 흥미진진한 사건 파일을 추리하다 보면, 억지로 외우지 않아도 자연스럽게 화학 마스터가 되어 있을 거라 확신합니다. 교과서 속 추상적인 개념들이 낯선 상황 속에 놓이는 순간, 살아 움직이는 지식으로 바뀌는 마법 같은 경험을 할 준비가 됐나요? 사건을 해결하는 매의 눈, 화학자의 시각을 장착해 보세요."

백윤정 카이스트 화학과 교수

"미국 법과학 수사 드라마 〈CSI: 과학수사대〉와 국내 법의학 드라마 〈싸인〉이 사랑받은 이유는, 우연처럼 보이는 사건을 과학의 힘으로 논리적으로 풀어내며 통쾌한 지적 즐거움을 선사했기 때문일 것입니다. 이 책 역시 흥미로운 사건 파일을 따라가다 보면 자연스럽게 과학의 원리를 이해하게 되는 영리한 구성을 갖추고 있습니다.

과학은 시험을 위한 지식이 아니라 세상을 읽어 내는 도구임을, 그리고 추리만큼 흥미롭게 배울 수 있는 학문임을 이 책은 유쾌하게 보여 줍니다. 과학이 어렵게 느껴졌던 청소년과, 과학의 재미를 다시 만나고 싶은 성인 독자 모두에게 기꺼이 추천합니다!"

주상훈 서울대학교 화학부 교수

솔직하게 털어놓을게요. 저는 과학 고등학교를 졸업하고 카이스트에 진학했지만, 정작 고등학교 시절에는 화학이라는 과목에서 아무런 흥미를 느끼지 못했습니다. 제게 화학은 그저 기계적으로 외울 것이 많은 암기 과목일 뿐이었죠. 정말 재미없었어요.

대학교에 가서 전공 서적들을 깊이 있게 읽고 나서야 비로소 화학이 얼마나 재미있는 학문인지 깨달았습니다. 화학의 원리들이 어떻게 탄생했는지 이해하게 되면서 점점 그 매력에 빠져들었고, 결국 2학년 때 화학을 전공으로 선택하게 되었죠.

지금 대학교에서 학생들을 가르치고 연구를 하면서 늘 고민합니다. '내가 느끼는 이 짜릿한 재미를 어떻게 하면 학생들에게도 전할 수 있을까? 나처럼 여러분도 화학의 재미를 알면 참 좋을 텐데' 하고 말이에요.

요즘 여러분이 배우는 중고등학교 화학 교과서를 찬찬히 살펴보았습니다. 제가 공부할 때보다는 훨씬 흥미로운 내용이 많더군요. 하지만 과연 여러분이 이 교과서를 여유롭게 읽어 볼 시간이 있을까 하는 걱정이 앞섰습니다. 우리나라의 중고등학생들은 치열한 입시 경쟁과 학원 스케줄에 치여 교과서의 숨은 재미를 발견할 틈이 없을 테니까요.

원리에 대해 깊이 고민해 볼 시간도, 그 원리가 우리 일상과 어떻게 연결되는지 찾아볼 여유도 부족한 현실에서 화학을 재미있다고 느끼는 건 어쩌면 정말 어려운 일일 겁니다.

그래서 이 책을 썼습니다. 여러분의 흥미를 단번에 끌어당길 '범죄 수사'와 사건을 해결하는 '화학 원리'를 엮어서 말이죠. 한 번만 푹 빠져서 읽고 나면 '아, 그 원리가 이렇게 쓰이는구나!' 하는 깨달음이 뇌리에 깊게 새겨지도록 공들여 썼습니다. 교과서 읽을 시간도 부족한 여러분의 학교 공부에 직접적인 도움도 주고, 지식이 실생활에서 얼마나 강력한 무기가 되는지 보여 주고 싶었거든요.

이 책에는 중고등학교 교과 과정의 핵심 내용도 듬뿍 담아 두었습니다. 다음 화학 시험이나 통합과학 시험 시간에 이 책에서 읽은 내용이 문제로 나와서, 여러분이 속으로 '이건 껌이네!' 외치며 광속으로 정답을 풀 수 있기를 진심으로 응원합니다. 나아가 누군가가 이 책을 읽으며 '법과학자'라는 멋진 꿈을 키우게 된다면, 저자로서 그보다 더 신나는 일은 없을 겁니다. 모두 파이팅!

이광렬 드림

차례

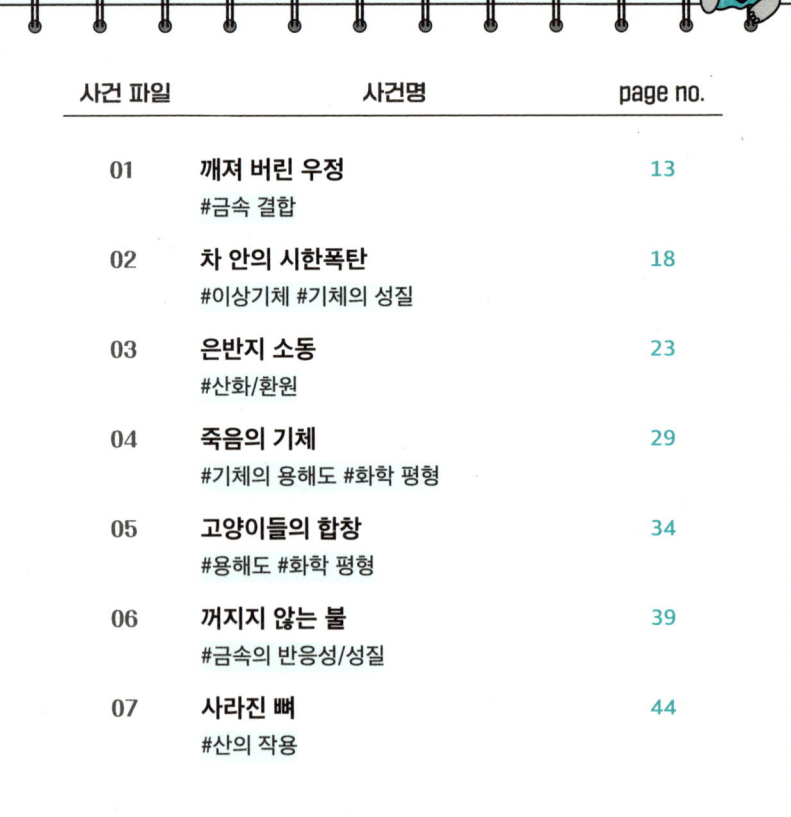

깨져 버린 우정

🔍 Hint #금속 결합

✏️ 화학 탐정 일지

오늘 아침, 정 약사가 허망한 얼굴로 우리 사무실 앞에 서 있었다. 그는 내가 사무실 문을 열기도 전에 격분해서 소리쳤다.

"훔쳐 갈 게 없어서 노인들 약을 털어 갔어요. 수면제, 혈압약, 항우울제, 감기약. 다 훔쳐 갔네. 망할 놈들 같으니!"

자초지종을 들어 보니, 약국에 도둑이 들었는데 자물쇠를 부순 모양새가 조금 독특하다는 것이었다. 나는 곧장 현장에 가 살폈다. 약국 셔터의 자물쇠는 산산조각이 나 있었다. 일반적인 커터로는 이렇게 자를 수 없다.

"이건 얼려서 부순 거예요."

정 약사는 내 말을 못 믿겠다는 듯 눈을 크게 떴다.

"그게 무슨 소리여?"

나는 경찰과 함께 마을로 들어서는 유일한 길목인 톨게이트의 기록을 확인했다. 새벽 3시경, 한 대의 트럭이 지나갔다. **액체질소** 차량이었다.

현장에서 수거한 자물쇠 조각은 기초과학지원연구센터로 보내졌다. 파편의 절단면에는 **취성 파괴**(brittle fracture, 유리가 깨지는 것처럼 단번에 일어나는 파괴)의 흔적이 그대로 남아 있었다. 이런 파괴흔은 액체질소와 같은 극저온만이 만들 수 있다. 액체질소로 자물쇠를 동결시키고 충격을 주어 파괴했다는 명백한 증거였다.

증거에 따라 액체질소 차량 운전자가 유력한 용의자로 특정되었고, 경필이란 이름의 그는 곧 체포되었다. 그는 공범인 정수의 이름과 범죄 행위의 의도도 불었다. 사건의 진상은 이랬다.

정수와 경필은 오랜 친구다. 그들은 어려서는 일진이었고 커서도 별로 다르지 않았다. 남들을 때리고 협박하거나 물건을 훔치는 것은 그들에게 아무것도 아닌 일상이었다. 정수는 거물급 마약상이 되어 돈을 긁어모으는 것이 꿈이었다. 경필은 낮에는 연구소에 액체질소를 배달하는 겉으로는 건실한 청년이었으나, 밤에는 정수와 함께 마약을 유통하는 공범이었다.

전날 밤, 그들은 이 시골 약국 앞에 섰다. 처방전이 없이는 구할 수 없는 약들이 가득한 곳, 마약상에게는 보물 창고와 같은 곳이 CCTV도 없이 방치되어 있었다. 경필은 자신이 몰고 다니는 액체질소 트럭을 약국 앞에 대고 질소통의 노즐을 열었다. 액체질소가 약국 셔터의 자물쇠에 사정없이 부어졌다. 시간이 좀 지난 후 정수는 망치를 들어 올렸다. 그러고는 자물쇠를 내리쳤다.

'쾅!' 자물쇠는 순식간에 박살이 났다. 둘은 그걸 보고 낄낄댔다.

"끝내주는군. 이게 과학의 힘이지!"

시골 마을의 밤은 죽은 듯이 고요하다. 개 짖는 소리도 멎었고, 노인들의 코 고는 소리마저 집 밖으로 새어 나오지 않는다. 자물쇠가 부서지는 날카로운 소음은 노인들의 어두운 귀에 닿지 못했다.

그러나 어리석은 자들에게 완전 범죄는 없었다. 액체질소처럼 차가운 증거 앞에 마약상의 꿈은 무너졌다. 마약상이자 절도 공범인 정수와 경필의 우정은 액체질소에 담긴 쇠자물쇠처럼 약한 충격에도 쉽게 깨져 버렸다.

🔍 과학 추리 수업

액체질소에 의해 차가워진 자물쇠가 쉽게 깨진 이유는?

금속 원자들은 자유 전자를 공유하며 서로 결합하고 있습니다. 자유 전자는 이름에서 알 수 있듯이 하나의 원자에 구속되지 않고 원자들 사이를 자유롭게 움직일 수 있지요.

포개진 것처럼 보이는 금속의 결정

금속의 결정을 자세히 보면 꼭 여러 개의 금속 원자로 이루어진 판들이 포개져 있는 것처럼 보이지요. 금속을 두들기면 그 충격을 흡수하며 이들 판이 서로 미끄러지는데, 이때 자유 전자들이 재빠르게 이동하면서 판들이 떨어져 나가지 못하게 잡아 줍니다. 그래서 금속은 얇게 펴지거나 길게 뽑혀 나올 수 있는 것이지요.

그런데 온도가 아주 낮아지면 원자들로 이루어진 판이 미끄러지는 것 자체가 매우 어려워집니다. 이때 충격을 주면 금속 원자들로 이루어진 판들이 서로 미끄러지는 대신에 충격이 그대로 흡수되어 균열이 생기지요. 결국 차가운 금속 덩어리는 큰 충격하에서 유리나 도자기가 깨지듯이 산산조각 나 버리는 것입니다.

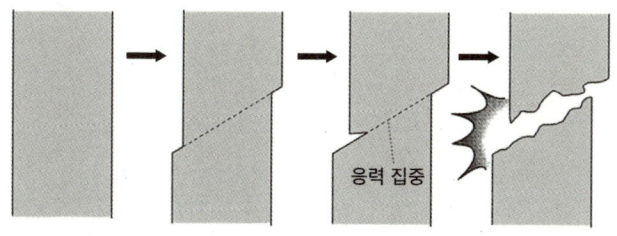

응력 집중

낮은 온도에서의 충격 시 금속이 깨지는 모습

토성의 위성 타이탄에는 액체 메탄과 에탄의 강이 흐른다. 여기에서 알 수 있는 것은 '타이탄은 (매우 춥다, 매우 덥다)'이다.

정답이 궁금한가요?
진정한 탐정은 마지막까지 긴장을 늦추지 않는 법!
끝까지 스스로 추리해 보세요.
모든 퀴즈의 정답은 책 마지막 장에서
확인할 수 있습니다.

사건 파일 02

차 안의 시한폭탄

TOP SECRET

🔍 **Hint** #이상기체 #기체의 성질

✏️ 화학 탐정 일지

그해의 여름은 정말 더웠다. 파리조차 날기 싫어했고, 도로 위의 아스팔트는 신발에 끈적하게 달라붙었다. 사무실에 후텁지근한 공기를 몰고 들어온, 박씨 성을 가진 여자가 말했다. 그녀의 눈은 묘하게 번뜩이고 있었다.

"누군가 내 남편을 죽인 것 같아요."

며칠 전 오전, 그녀의 남편은 낡은 세단을 몰고 나섰다. 여름이 되자마자 고장 나 버린 차량 내 에어컨을 수리해야 한다며. 남편이 떠난 길에는 아지랑이가 피어오르고 있었다. 하지만 오후가 되어 그녀를 찾아온 것은 남편이 아니었다. 남편의 차가 절벽으로 떨어져 남편이 즉사했다는 끔찍한 소식이었다. 블랙박스는 차가 도로를 벗어나 절벽으로 곤두박질치는 순간을 포착했다. 하지만 놀람과 단말마의 비명 외에는

18

아무것도 없었다. 동승자도 없었고, 다른 차량과의 충돌 흔적도 없었다. 경찰은 졸음운전 등의 단순 운전 부주의로 사고가 났다고 판단하고 사건을 마무리 지었다.

하지만 그녀는 남편의 죽음이 절대 우연이 아니라고 확신했다.

"남편은 담배를 끊은 지 10년이 넘었어요. 그런데 사고 난 차 안, 뒷좌석 유리창 밑에서 **일회용 라이터**가 하나 나왔어요."

그녀의 남편은 자동차에 남을 태우고 다니는 일도 없었다. 에어컨이 고장 난 차는 해만 뜨면 찜통이 됐기 때문이다. 그렇다. 확실히 이상했다. 일회용 라이터가 그의 차에 있는 것은 너무나 이상했다. 그녀는 의미심장한 표정을 지으며 말했다.

"사고 바로 전날 밤, 시동생이 남편과 크게 다투었어요. 자기 몫의 유산이 너무 적다고 불평을 늘어놓더군요. 그러고는 씩씩대면서 나갔어요."

남편 차 안에 라이터 O
담배 안 피우는 남편?
시동생과 남편의 다툼!

시동생이 형을 죽일 동기는 충분했다. 형이 죽으면 부모님의 유산은 동생에게 돌아갈 것이다.

시동생의 행적은 의외로 쉽게 알 수 있었다. 나는 박씨 여인의 집 방향으로 향하고 있는 CCTV를 확인했다. 시동생의 행동이 선명하게 찍혀 있었다.

형의 집을 나선 동생은 거친 발걸음으로 내리막길을 내려갔다. 잠시 후, CCTV는 동생이 다시 형의 차 근처로 돌아오는 장면을 포착했다. 그는 분노를 이기지 못하고 형의 차 타이어를 몇 번 발로 찼다. 잠시 후 동생은 주위를 두리번거리더니 형의 차 문을 열고 들어갔다. 조금 후에 차에서 다시 나오더니 재빨리 그 자리를 떠났다.

동생의 이상한 행적은 경찰의 관심을 끌기에 충분했다. 그리고 너무나 당연히 자동차 안 곳곳에 그의 지문들이 선명하게 남아 있었다. 터지고 남은 라이터 조각에 반쯤 찍힌 지문도 그의 것이었다. 그는 곧 체포되었다.

"너무 화가 났어요. 혼 좀 나 봐라 하는 마음이었어요. 죽이려고 한 것은 절대 아닙니다."

그의 항변은 절박했다. 땅꾼의 올가미에 목이 졸리고 있는 뱀이 벗어나려는 모습과 다름이 없었다.

동생의 마음속에 끈적하게 눌어붙어 있는 진실이 무엇인지는 그 누구도 모른다. 하지만 찜통 같은 자동차 안에서 라이터는 데워졌고 라이터 연료통은 **기화**(액체가 기체로 변하는 것)되어 **부피**가 커진 연료를 담고 있기에는 너무 작았다. 라이터는 터졌고 형은 놀랐고 핸들을 절벽으로 꺾었다. 약간의 충동과 계획이 우연에 우연을 만나 형의 목숨을 앗았다.

🔍 과학 추리 수업

라이터는 왜 폭발했나?

기체의 압력, 온도, 부피 사이의 관계를 나타나는 식으로 이상기체 방정식을 쓸 수 있습니다.

$$PV = nRT$$

P	기체의 압력
V	기체의 부피
n	기체의 몰수 (양)
R	$0.08206 L \cdot atm \cdot mol^{-1} \cdot K^{-1}$ (이상기체 상수)
T	기체의 절대 온도

기체의 부피가 0이 되는 온도는 -273.15℃입니다. 이 온도를 절대 0도 라고 하며, 이를 기준으로 하는 온도 척도를 절대 온도(T)라 합니다. 단 위로는 K(캘빈)를 사용하고요. 여기서 '기체의 절대 온도 K = 섭씨 온도 + 273.15'이지요.

이상기체란 기체 분자들 사이에 어떠한 인력도 존재하지 않고, 분자 의 부피도 없는 말 그대로 실제로 존재하지 않는 기체입니다. 하지만 기체는 고체나 액체와 비교하여 분자 간의 거리가 멀어서 상호 간의 인력도 적고, 기체가 존재하는 공간 부피 대비 기체 분자 자체의 부피 가 작기 때문에 일반적인 상황에서 실제 기체에 이상기체 방정식을 써도 크게 문제가 없지요.

일회용 라이터 연료로는 주로 부탄가스(C_4H_{10})에 압력(약 2기압)을 가하여 액체로 만들어서 씁니다. 부탄은 끓는점이 약 -0.5℃라서 일상적인 온도와 압력에서는 기체여야 합니다. 그러니 라이터 연료통 속에서는 액체와 기체가 같이 있는 상태이지요.

여름날 뜨거워진 차 안의 온도는 90℃에 육박할 수 있지요. 기체의 압력은 절대 온도에 비례합니다. 기체로 존재하는 부탄의 양이 똑같이 유지된다고 하더라도 90℃와 실온인 25℃에서의 부탄가스 압력을 비교하면 (90 + 273.15) ÷ (25 + 273.15), 즉 1.2배의 압력이 되는 것이지요. 거기에 온도가 더 높아졌으므로 액체 상태로 있던 부탄이 기체로 더 많이 변하게 됩니다. 따라서 라이터의 압력은 많이 높아지게 되고, 실제로 90℃ 정도의 온도에서 7기압 이상의 압력이 생길 수 있지요. 이 높은 압력에서는 플라스틱으로 만든 라이터는 더 이상 견디지 못하고 폭발하게 되는 것입니다.

휴대용 가스버너에 쓰이는 연료통은 다 쓰고 나서 반드시 구멍을 뚫어서 배출하여야 하지요. 연료가 든 채로 소각하면 폭발 사고의 위험이 매우 높습니다.

과학 퀴즈

추운 날, 따뜻한 방 안에서 분 풍선을 들고 밖으로 나가면 풍선은 (커진다, 작아진다).

은반지 소동

🔍 **Hint** #산화/환원

🖊 화학 탐정 일지

옆집 할머니가 사색이 되어 사무실의 문을 두드렸다. 밀랍으로 만든 인형의 얼굴처럼 표정은 굳어 있었고 이마에는 식은땀이 맺혀 있었다. 그녀가 말했다.

"내가 중독이 된 것이 틀림없어요. 아들 부부가 날 죽이려 하는 것 같아요."

할머니는 최근 아들 부부가 마련해 준 온천 패키지여행을 다녀왔다. 온천이 있는 동네의 경관은 아름다웠고 음식은 소박했으나 맛이 있었다. 그녀는 관광지의 기념품 가게에서 아름다운 반지를 발견했다. 가게 주인이 속삭이듯이 말했다.

"이 반지가 검어지면 조심하세요. 건강이 많이 나빠졌다는 것을 알려 주는 반지입니다."

나이가 든 대부분의 사람들처럼 그녀는 건강 염려증이 있다. 온천에 오기 전부터 힘이 없어 낮잠에 빠지는 경우가 잦았고 계단을 오르는 것도 쉽지 않던 참이었다. 가게 주인의 속삭임에 그녀의 지갑은 쉽게 열렸다. 온천장에서의 마지막 날, 목욕을 마친 그녀는 깊고 달콤한 잠에 빠져들었다. 손가락에 있는 반지는 약간 검은빛이 돌고 있었다.

집으로 돌아온 그녀를 맞은 것은 아들 부부가 그녀를 위해 준비한 성대한 생일상이었다. 문제는 바로 그다음 날 아침에 시작되었다. 속이 메스껍고 심한 두통이 밀려왔다. 배는 더부룩하고 자꾸만 토하고 싶었다. 그녀는 순간 반지가 기억이 나서 자신의 손가락을 바라보았다. 반지는 저주에 걸린 것처럼 검게 변해 있었다.

요즘 들어 아들 부부가 돈 걱정을 많이 하는 것을 보았다. 할머니의 마음속에는 의심이 싹트기 시작했다. 아들 부부가 유산을 노리고 자신을 독살하려는 것이 아닌가 두려움과 분노가 동시에 일었다. 그것이 그녀가 나를 찾아온 이유였다.

내가 보기에 옆집 할머니는 그리 아픈 사람이 아니었다. 나이에 비해 목소리는 우렁찼고, 혈색은 좋았다. 공포에 질린 표정만 제외한다면 말이다. 하지만 나의 말만으로는 그녀의 의심을 잠재우기 부족할 것 같았다. 나는 그녀를 설득해 병원으로 데려갔다.

"과식으로 인한 단순한 소화 불량입니다. 소화제를 드시면 괜찮아질 겁니다."

의사의 말에 그녀는 폭발했다.

"이 멍청한 돌팔이! 이 반지를 봐! 이렇게 검게 변했는데 내가 독에 중독된 게 아니면 뭐야?"

나는 재빨리 그녀의 손목을 잡고 반지를 자세히 보았다. 그리고 작게 한숨을 내쉬었다. 은반지였다. 나는 노파의 귀에 대고 조용히 물었다.

"혹시 최근 다녀온 온천이 **유황** 온천으로 유명해요?"

그녀는 고개를 끄덕였다. 그 순간 나는 깨달았다. 독도, 음모도 아니었다. 단지, **화학 반응**이었을 뿐이다.

"할머니, 이건 단순한 은반지예요. 건강 상태를 알려 주는 대단한 마법이 있는 것도 아니고요. 은반지를 끼고 유황 온천욕을 하면 반지가 검게 변해요."

그녀의 얼굴은 금세 붉어졌다. 그리고 아무 말도 않고 병원을 빠르게 빠져나갔다. 며칠 후 그녀에게서 다 나았다는 연락을 받았다.

나는 그녀가 그 순진한 아들 부부를 다시는 의심하지 않기를 바란다. 하지만 사람의 영혼을 갉아먹는 의심의 독은 쉽게 다시 생긴다. 다음 의심병이 생길 때까지 시간이 길었으면 하고 바랄 뿐이다.

🔍 과학 추리 수업

은은 왜 시커멓게 변했나?

은(Ag)이 황화수소(H_2S)를 만나면 산소(O_2) 존재하에 다음 반응을 합니다. 만들어지는 황화은(Ag_2S)은 검은색이지요.

$$4Ag + 2H_2S + O_2 \rightarrow 2Ag_2S + 2H_2O$$

산소가 없어도 황화은은 만들어지지요. 다만 반응은 느립니다.

$$2Ag + H_2S \rightarrow Ag_2S + H_2$$

다음 표는, 반응에서의 산화수❜의 변화입니다. 원자가 전자를 잃는 (산화) 개수만큼 산화수가 증가하지요. 원자가 전자를 얻으면(환원) 산화수는 감소하여 음수가 됩니다.

원소	$4Ag + 2H_2S + O_2 \rightarrow 2Ag_2S + 2H_2O$			
	반응 전(산화수)	반응 후(산화수)	변화	역할
은(Ag)	0(홑원소 물질)	+1(Ag_2S에서)	0→+1(증가)	산화됨 (전자를 잃음)
황(S)	-2(H_2S에서)	-2(Ag_2S에서)	-2→-2 (변화 없음)	-

❟ 산화수: 물질 내 원자가 전자의 교환을 가정했을 때 갖게 되는 가상의 전하수로, 산화·환원 반응을 파악하는 데 사용됩니다.

원소	반응 전(산화수)	반응 후(산화수)	변화	역할
수소(H)	+1(H_2S에서)	+1(H_2O에서)	+1→+1 (변화 없음)	-
산소(O)	0(홀원소 물질)	-2(H_2O에서)	0→-2(감소)	환원됨 (전자를 얻음)

은수저에 생긴 검은 녹, 황화은의 화학식은 Ag_2S랍니다. 여기에 든 Ag^+를 Ag로 되돌리면 다시 번쩍이는 은이 되죠. 비법을 하나 알려 줄게요.

먼저 뜨거운 물에 베이킹소다와 소금을 많이 녹이세요. 그다음 알루미늄박(Al)으로 은수저를 감싼 다음, 바늘로 알루미늄박에 구멍을 여러 개 뚫어요(주의! 은수저와 알루미늄박이 잘 맞닿아 있어야 해요). 구멍을 뚫는 이유는 물이 은수저와 알루미늄박 사이로 스며들 수 있게 하기 위해서입니다. 이 알루미늄박에 둘러싸인 은수저를 베이킹소다와 소금이 녹은 물에 넣어 둡니다. 30분 정도 기다렸다가 꺼내 보세요.

베이킹소다는 염기성입니다. 따라서 알루미늄박의 맨 바깥에 생기는 산화알루미늄막을 녹이고 알루미늄 금속이 노출되게 만들어요. 이 알루미늄 금속은 은보다 더 산화가 잘된답니다. 그래서 다음과 같은 반응이 일어나지요. 황이 은에서 알루미늄으로 이동하며 황화알루미늄(Al_2S_3)이 만들어지고, 은은 다시 번쩍이게 됩니다.

$$3Ag_2S + 2Al \rightarrow 6Ag + Al_2S_3$$

그러면 소금은 대체 왜 넣었냐고요? 소금은 물에 녹아 '전해질'로 작용하며, 알루미늄에서 은으로 전자가 잘 이동할 수 있도록 다리 역할을 톡톡히 해 주었답니다.

다음에 검게 변한 은수저가 보이면 이 방법으로 은의 광택을 되돌려서 부모님을 깜짝 놀라게 해 보세요.

과학 퀴즈

검게 변한 은수저를 다시 번쩍이게 하려면 황화은의 은 성분을 (환원, 산화)시켜야 한다.

사건 파일 04
죽음의 기체

🔍 Hint #기체의 용해도 #화학 평형

🖊 화학 탐정 일지

내 사무실에서 별로 떨어져 있지 않은 주택에 사는 김 씨가 사무실로 뛰어 들어왔다.

"좀 도와줘요! 아내가 쓰러져서 의식이 없어요."

하지만 그의 목소리와 눈에는 절박함이 미묘하게 결여되어 있었다.

"1시간 전까지 멀쩡했어요. 아내가 화장실 청소를 하고 있었는데 쿵 소리가 나서 가 보니 그만…."

김 씨의 아내는 화장실 바로 앞 복도에 쓰러져 있었다. 얼굴은 창백했고 의식이 없었지만, 아주 미세한 맥박이 뛰고 있었다. 화장실에서 나를 맞이한 것은 매캐한 냄새였다. 폐부 깊숙한 곳을 찌르는 독극물의 냄새. 바닥에는 **락스**통과 **식초**통이 한쪽에 놓여 있었다. 내 눈은 빠르게 화장실의 벽을 훑었다. 그리고 보았다. 창문 아래 환기구는 닫혀 있었다. 아직 번쩍임을 잃지 않은 새 못이 박힌 채.

김 씨의 아내에게 다시 시선을 돌렸다. 그녀의 손가락이 눈에 들어왔다. 손톱은 부러져 있고 그 밑은 피에 젖어 있었다. 그녀는 밖으로 나가기 위해, 숨을 쉬기 위해 미친 듯이 문을 밀치고 긁었던 것이다. 화장실 문은 밖에서 잠겨 있었던 것이 분명했다. 화장실은 독가스가 가득한 지옥이었던 것이다. 내 눈이 화장실의 문에 이르자 김 씨가 몸을 흠칫하는 것이 느껴졌다. 나는 김 씨의 어깨를 꽉 쥐었다.

"진정해요. 곧 119가 올 거예요."

나는 그를 집 밖으로 유도했다. 증거를 훼손하지 못하게 하기 위한 필수적인 조치였다. 30분 후, 구급대원들과 경찰이 도착했다. 김 씨의 아내가 구급차에 실리는 동안 나는 넌지시 경찰에게 말했다.

"이건 살인 미수입니다."

경찰의 조사는 신속하게 이루어졌다. 화장실 문 안쪽에 남은 김 씨 아내의 피와 살점, 화장실 바깥문 손잡이에 남은 김 씨의 지문, 락스통과 식초통에 남은 김 씨의 지문. 김 씨는 아내가 실수로 락스와 식초를 섞어 화장실 청소를 했다고 위장하려 했다. 그러나 치밀하지 못한 현장은 그대로 증거가 됐다.

아내 몰래 그녀 명의로 든 고액의 사망 보험들은 김 씨를 옥죄어 갔다. 명백한 증거 앞에 김 씨는 굴복할 수밖에 없었다. 그는 보험금을 타 내기 위해, 사랑과 행복이 가득해야 할 공간에 락스와 식초를 섞어 죽음의 **염소** 기체를 채운 것이다.

며칠 후, 김 씨의 아내는 심각한 폐 손상을 입었지만, 기적적으로 깨어났다. 하지만 그녀는 남편을 찾지 않았다. 차가운 눈으로 앞을 응시할 뿐이었다.

🔍 과학 추리 수업

화학 평형이란 무엇인가?

락스의 주성분은 차아염소산나트륨(NaOCl)인데 이 물질은 염기인 수산화나트륨(NaOH)과 염소 기체(Cl_2)를 반응시키면 만들어집니다.

$$2NaOH + Cl_2 \rightarrow NaOCl + NaCl + H_2O$$

● 정반응과 역반응

어떠한 화학 반응도 정반응과 역반응이 있지요. 정반응은 반응물이 생성물로 변하는 방향, 역반응은 생성물이 다시 반응물로 되돌아가는 방향을 뜻합니다. 즉 다음의 반응도 일어납니다. 다만 이 반응은 앞의 반응보다 아주 느리게 일어나므로 일반적으로 락스에서 염소 기체가 빠져나오는 것은 어렵지요.

$$NaOCl + NaCl + H_2O \rightarrow 2NaOH + Cl_2$$

정반응과 역반응을 모두 고려하여 반응식을 쓰면 다음과 같습니다.

$$2NaOH + Cl_2 \rightleftharpoons NaOCl + NaCl + H_2O$$

화학 평형은 가역 반응에서 정반응 속도와 역반응 속도가 같아져 겉

보기 농도 변화가 없는 상태이며, 이때 일정한 온도에서 반응물 대비 생성물 농도 비를 나타낸 것이 평형 상수(K)입니다. 위의 반응에서 화학 평형 상수는 다음과 같이 표현할 수 있는데,

$$K_c = \frac{[NaOCl][NaCl][H_2O]}{[NaOH]^2[Cl_2]}$$

락스 자체가 물(H_2O)에 녹아 있기 때문에 물은 제거하여 식을 다시 쓸 수 있지요.

$$K_c' = \frac{[NaOCl][NaCl]}{[NaOH]^2[Cl_2]}$$

그러나 이러한 상황은 락스와 산을 섞으면 완전히 달라집니다. 식초와 같은 산은 염기인 수산화나트륨을 없애 버릴 수 있으므로 화학 평형 상수의 크기를 그대로 유지하기 위해서 염소 기체를 만드는 반응이 빨리 일어나게 됩니다. 분모에서 NaOH의 농도가 작아지면 Cl_2의 농도가 커져야 분모의 크기가 그대로 유지될 수 있기 때문이지요.

이것이 락스에 식초를 넣으면 염소 기체가 발생하는 이유이지요.

과학 퀴즈

락스에 콜라를 부으면 염소 기체가 (생긴다, 안 생긴다).
힌트: 콜라가 산성인지 아닌지 확인.

고양이들의 합창

🔍 **Hint** #용해도 #화학 평형

🖋 화학 탐정 일지

　그 여름은 끈적거리고 숨 막히는 지옥이었다. 밤이 되어도 기온은 내려갈 줄 몰랐고, 사람들의 신경은 사소한 자극에도 불타올랐다. 새벽이 되어 간신히 모두 잠이 들 무렵 또 시작되었다.

　"야오옹— 야오옹—!"

　수십 마리의 고양이들이 부르는 합창이 들려왔다. 누군가가 창문을 열고 고함을 질렀다.

　"시끄러워! 제발 그만 울어라!"

　잠시 조용해졌던 고양이들의 합창은 더 거세게 울려 퍼졌다. 실은 이 마을 대부분의 고양이는 마을의 언저리에 홀로 사는 아주머니가 기르고 있었다. 마을 곳곳에 먹이를 놓아 두는 그녀. 고양이들은 그녀를 따라가서 새끼를 치고 번성하여 그녀의 집을 고양이의 왕국으로 만들었다. 그리고 고양이들은 밤이면 마을의 온갖 곳을 활개를 치고 다녔고, 노래를 불렀다. 주민들은 캣맘인 아주머니를 찾아가서 따졌다. 그녀는 주민들에게 돌을 던지며 욕을 했다. 자신의 천사들을 욕하지 말라고. 누군가가 조용히 말했다.

"저 고양이 놈들, 내 손에 잡히기만 해라. 가만두지 않을 거다."

어느 날, 이 고양이 마을에 사는 형식이라는 청년이 내 사무소로 찾아왔다. 자신이 기르는 개가 갑자기 몸을 떨어 대고 구토를 하더니 결국 죽어 버렸다는 것이다. 누군가 자신의 개에게 독을 먹인 것 같다고 말했다. 실은 몇 주 전부터 마을 개들이 같은 증상으로 죽었고, 그의 반려견이 다섯 번째였다고 했다. 공교롭게도 이 죽음의 시작은 마을 사람들과 캣맘 사이에 다툼이 있었던 시점과 섬뜩하게 일치했다.

개들은 무엇을 삼켰기에 그토록 끔찍하게 몸부림치며 죽어 간 것일까? 죽은 개들은 하나같이 전형적인 **급성 신부전** 증세를 보였다. 추운 겨울날 시동이 꺼진 지 얼마 안 된, 아직 따뜻한 차 밑에서 흘러나온 액체를 먹고 죽은 고양이의 증상과 완벽히 일치했다. 청년의 개가 쓰던 밥그릇을 확인했다. 아무것도 남아 있지 않았다.

내 머릿속에 섬광처럼 떠오른 것은 캣맘이 고양이들을 위해 먹이를 담아 둔, 마을 곳곳에 뿌려진 그릇들이었다. 그릇에 먹이는 없었지만 그릇 바닥에는 액체가 조금씩 남아 있었다. 자동차 부동액 특유의 달콤한 냄새가 났다.

액체가 무엇인지 확인하고자 사무실로 그릇을 가져와서 **황산**을 부었다. 거품이 격렬하게 솟아올랐다. 달콤한 냄새를 내는 액체 분자에서 물이 떨어져 나온다는 것을 알 수 있었다. 고양이 밥그릇에 남은 액체의 질량 분석 결과는 더 확실한 증거를 주었다. 그릇의 바닥에 있는 액체는 역시 **에틸렌글리콜** 부동액이었다.

캣맘은 자동차를 몰지 않는다. 마을에서 나가는 일도 없다. 그녀가 에틸렌글리콜을 샀다는 증거도 없었다. 그녀는 개를 죽인 범인이 아니다.

달콤한 냄새

황산과 반응

… 에틸렌글리콜!

범인을 잡기 위해서는 현장을 덮쳐야 했다. 잠복만이 유일한 길이었다. 칠흑 같은 밤, 골목길에 숨은 내 눈은 캣맘의 뒤를 따르는 검은 그림자를 발견했다. 어둠 속에서 적외선 카메라는 그 모든 것을 담았다. 어두운 그림자가 캣맘이 둔 먹이 그릇에 무엇인가를 붓는 장면을, 그리고 입꼬리를 올린 채 자신의 집으로 돌아가는 모습도.

범인은 빠르게 체포할 수 있었다. 잡화점 주인 최 씨였다. 카메라 영상과 에틸렌글리콜이라는 증거 앞에 그는 굴복했다. 최근 들어 불면증에 시달리던 그는 캣맘의 고양이를 모두 없애고 싶었다. 그의 고양이를 향한 거대한 악의가 고양이 그릇의 먹이를 탐한 마을의 개들까지 덮친 것이다.

오늘도 고양이들의 노랫소리가 마을에 울려 퍼질 것이다. 순진무구한 고양이들의 노래가. 하지만 또 누군가의 악의를 부추길지도 모르는.

🔍 과학 추리 수업

에틸렌글리콜이 급성 신부전을 일으키는 원리

에틸렌글리콜($HOCH_2CH_2OH$)은 간에서 알코올 분해 효소와 알데하이드 분해 효소의 연속 작용을 통하여 옥살산($HOOC\text{-}COOH$)으로 변합니다. 옥살산은 물에 녹으면 옥살산 음이온($C_2O_4^{2-}$)을 만들 수 있는데 이 옥살산 음이온은 칼슘 이온(Ca^{2+})과 만나서 뾰족한 바늘 형태의 옥살산칼슘(CaC_2O_4) 결정을 만들 수 있지요. 옥살산칼슘은 용해도가 낮아서 물에 거의 녹지 않습니다.

$$Ca^{2+} + C_2O_4^{2-} \rightarrow CaC_2O_4$$

이렇게 생성된 옥살산칼슘 결정은 주로 신장의 가장 중요한 여과 및 재흡수 통로인 신장 세뇨관(renal tubules)에 쌓이며 세뇨관 자체를 막아버려서 소변의 흐름을 멈추지요. 신장의 가장 중요한 기능인 여과 기능이 멈추는 것입니다.

과학 퀴즈

신장 결석(옥살산칼슘)이 생기는 것을 예방하려면 평소에 물을 (충분히, 적게) 마신다.

사건 파일 06

꺼지지 않는 불

🔍 Hint #금속의 반응성/성질

✏️ 화학 탐정 일지

단풍이 산을 붉게 물들이는 늦은 가을이었다.

"큰일 났어요! 산 아래 **알루미늄** 새시 공장에 불이 났어요. 불이 산으로 옮겨붙을 수도 있대요."

이웃 주민의 비명과 같은 외침이 이른 새벽 문틈을 찌르며 들어왔다. 나는 급하게 외투를 걸치며 사무실을 나섰다.

공장 앞은 경찰차, 소방차, 그리고 몰려든 동네 주민들로 복잡했다.

"새벽에 불이 났는데 아직도 저러네. 물을 뿌리는데도 불길이 잡히기는커녕 더 거세지기만 한다네."

"알루미늄이 타는 거야? 대체 어떻게?"

소방 호스에서 쏟아지는 물줄기에도 아랑곳없이 커져만 가던 불길은 오후 늦게야 겨우 진정되었다. 잔해 속을 뒤지던 소방대원들이 갑자기 헛숨을 쉬었다. 그리고 한곳으로 모여들더니 움직임이 전혀 없는 한 사람을 들것에 싣고 나왔다.

며칠이 지나 소방 당국은 화재의 원인을 알루미늄 분진의 폭발로 추정하였다. 용접 기술자 박 기사가 용접 작업을 할 때 생긴 알루미늄 분진이 갑자기 폭발을 했고, 그는 폭발 충격으로 넘어지면서 머리를 부딪쳐 즉사했다는 것이다. 너무나 깔끔한 결론이었다.

그럴듯해 보였다. 하지만 내 머릿속에는 무언가 잘못되었다는 경종이 울리고 있었다. 사장이 알루미늄 공장을 정리하고 싶어 하는 것은 공공연한 사실이다. 공장을 지키려는 박 기사와 사장의 불화 또한 마을 사람이라면 누구나 알고 있었다. 공장이 불타 없어지면 누가 가장 이득을 볼까?

나는 다시 화재 현장을 찾아갔다. 재와 그을음 속에서 반쯤 녹은 플라스틱 용기 하나가 눈에 들어왔다. 그 속엔 흰 가루가 조금 남아 있었다.

실험실에서 확인된 그 물질은 **수산화나트륨**이었다. 순간, 내 머리에 번개가 쳤다. 알루미늄 새시 공장에 이 부식성 화학 물질이 굳이 있을 이유가 없다. 이 물질은 알루미늄과 접촉하면 격렬한 화학 반응을 일으켜 수소 가스를 뿜어낸다. 그런데 용접 기술자 박 씨가 수소 가스를 용접용 산소 탱크 옆에 둔다고?

모든 것이 연결되었다. 일반적인 화재가 아니었다. 이건 완벽한 계획과 실행의 결과물이었다. 사장은 즉시 용의자 신분으로 전락했다. 범죄의 흔적은 사장의 자동차 트렁크에 숨어 있었다. 트렁크 바닥에 깔린 수산화나트륨의 흰 부스러기들의 형태로 말이다. 완전한 범죄는 없다. 사장은 끝까지 자신의 범행을 인정하지 않았다.

공장 지대 개발 정보를 입수한 사장은 보험금을 타 내고 땅을 팔려는 일석이조의 계획을 세웠다. 어둠이 가장 짙은 시간에 그는 공장으로 들어갔다. 용접용 산소 탱크 근처에 물, 알코올, 수산화나트륨, 알루미늄 덩어리를 섞은 플라스틱 통을 몰래 설치했다. 타이머가 달린 화학 폭탄을 만든 것이다.

사장은 공장에 숨어드는 자신의 모습을 박 기사가 보았을 줄은 몰랐다. 박 기사가 분노에 가득 차서 다가오자 그는 당황한 나머지 박 기사를 힘껏 밀쳤다. 그런데 박 기사가 넘어지며 정신을 잃은 것이다. 사장은 황급히 산소 밸브를 열고 도망쳤다. 곧이어 공장은 엄청난 폭발음과 함께 화염에 휩싸였다. 불은 사장의 탐욕을 다 태워 버리고 나서야 사라졌다. 한 성실한 노동자의 목숨마저 앗아 간 채.

🔍 과학 추리 수업

범죄 트릭에 왜 수산화나트륨이 필요했나?

알루미늄(Al)은 표면에 산화알루미늄(Al_2O_3)이 코팅되어 있습니다. 수산화나트륨(NaOH)으로 이 산화알루미늄막을 벗겨 내어야 속에 숨은 알루미늄 금속이 물(H_2O)에 직접 노출되어 반응할 수 있지요.

알루미늄 창틀

뜨거운 알루미늄과 물이 만나면 어떤 일이 생기는가?

$$2Al + 3H_2O \rightarrow Al_2O_3 + 3H_2$$

산화알루미늄막을 벗기고 생긴 알루미늄 금속에 물이 닿으면 이와 같이 수소와 산화알루미늄이 발생합니다. (염기성 용액 속에 있으므로 산화알루미늄막은 생겨도 금방 다시 벗겨집니다. 그래서 반응이 폭주하지요.) 많은 양의 수소가 공기 중의 산소와 만나 연소 반응을 하면 크게 폭발할 수 있습니다. 글에서 범인이 알코올을 사용했는데 알코올을 연료로 사용하여 불을 더 키우려고 한 것입니다.

과학 퀴즈

배수구 클리너 용액에 알루미늄 새시를 담그는 행동은 (위험하다, 괜찮다).
힌트: 배수구 클리너 용액의 주성분이 무엇인지 확인.

사건 파일 07

사라진 뼈

🔍 Hint #산의 작용

🖊️ 화학 탐정 일지

경수와 민철은 오늘 불타는 금요일을 자신들의 방식으로 즐기기로 했다. 그들은 경수의 옥탑방 앞에 있는 평상에서 족발을 깔아 두고 먹기 시작했다. 이른 저녁부터 시작한 둘만의 연회는 밤늦게까지 이어졌고 그들 주변에는 술병들이 너저분하게 깔리기 시작했다.

소변이 마려워진 경수가 화장실로 간 사이 민철은 갑자기 오르는 취기에 몸을 누였다. 그리고 곯아떨어졌다. 그는 맛있는 냄새에 이끌린, 털 난 커다란 짐승이 계단으로 올라왔다가 소리 없이 사라지는 것을 눈치채지 못했다.

돌아온 경수는 화가 끝까지 치솟았다. 조금 전까지 있던 커다란 족발 뼈가 보이지 않았기 때문이다. 아껴 먹는다고 둔 것인데 없어졌다. 경수는 민철을 흔들어 깨웠다.

"야, 여기 있던 족발 뼈 어디 갔어?"

"무슨 소리야?"

"너 혼자 뼈까지 씹어 먹었냐?"

얼떨떨한 모습의 민철이 대꾸했다. 그들 사이에는 말다툼이 시작되었고 곧 주먹다짐으로 변했다.

시끌벅적한 소리에 잠에서 깬 나는 소동이 한창인 옥상으로 올라갔다. 주인아주머니는 둘을 말리느라 정신이 없었다.

"아이고. 족발을 혼자서 먹었다고 저렇게 싸우고 있는 거여. 술이 뭔지 사람을 아주 정신이 나가게 하네."

주인아주머니의 옆에서는 큰 개가 꼬리를 흔들고 있었다. 사람들이 우당탕거리고 있는 것이 몹시 재미난 장난으로 보였나 보다. 그때 내 눈에 개의 입가에 번들거리는 기름 자국이 보였다.

"아주머니. 날이 밝으면 개를 동물병원에 데려가서 위 검사 좀 해 봐요."

나는 하품을 하며 돌아섰다.

두 친구는 결국 경찰서 유치장에서 하루를 보냈다. 둘 다 눈에 퍼렇게 멍이 든 채로 말이다. 그런 그들에게 경찰관이 말했다.

"아주머니 개가 족발 뼈를 한 번에 삼켰대. 아이구 이 화상들아."

그날 저녁, 옥탑방 평상에서는 눈에 멍이 든 청년들이 족발을 뜯고 있었다. 아주머니가 미안하다고 족발을 사 주었기 때문이다. 그 옆에서 개는 커다란 다리뼈를 얻어서 씹고 있고 말이다.

정신없이 족발을 뜯던 두 청년은 서로의 얼굴에 난 멍을 손가락질하며 크게 웃었다. 커다란 개는 고개를 갸우뚱하더니 다시 뼈를 씹어 먹기 시작했다.

🔍 과학 추리 수업

뼈는 무엇으로 이루어졌나?

뼈는 아미노산인 글라이신, 프롤린, 하이드록시프롤린들이 연결되어 만들어진 단백질인 콜라겐 섬유와 수산화인회석($Ca_{10}(PO_4)_6(OH_2)$)의 나노 결정이 만나서 만드는 유기물과 무기물의 혼성 구조입니다.

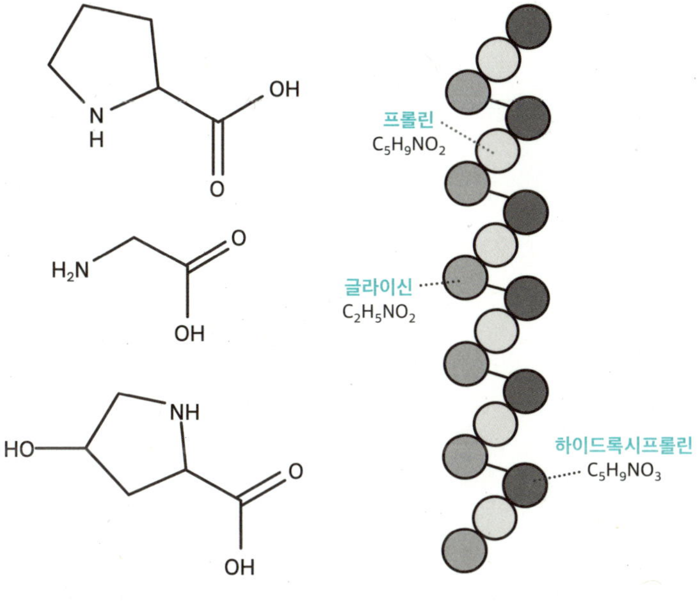

프롤린
$C_5H_9NO_2$

글라이신
$C_2H_5NO_2$

하이드록시프롤린
$C_5H_9NO_3$

콜라겐의 핵심 아미노산들

콜라겐 섬유의 다발에 수산화인회석을 뿌려 강화한 것이 뼈라고 생각하면 되지요. 이 혼성 섬유의 굵은 다발들을 다음 그림처럼 한쪽 방

향으로 나란히 깔고, 그 위에는 섬유를 약간 비틀어서 깔고, 그 위에
또 다른 방향으로 섬유를 깔면 충격을 주어도 잘 부러지지 않게 됩니
다. 얇은 나무판을 여러 겹 깐 베니어합판의 구조를 생각하면 이해가
쉬울 것입니다.

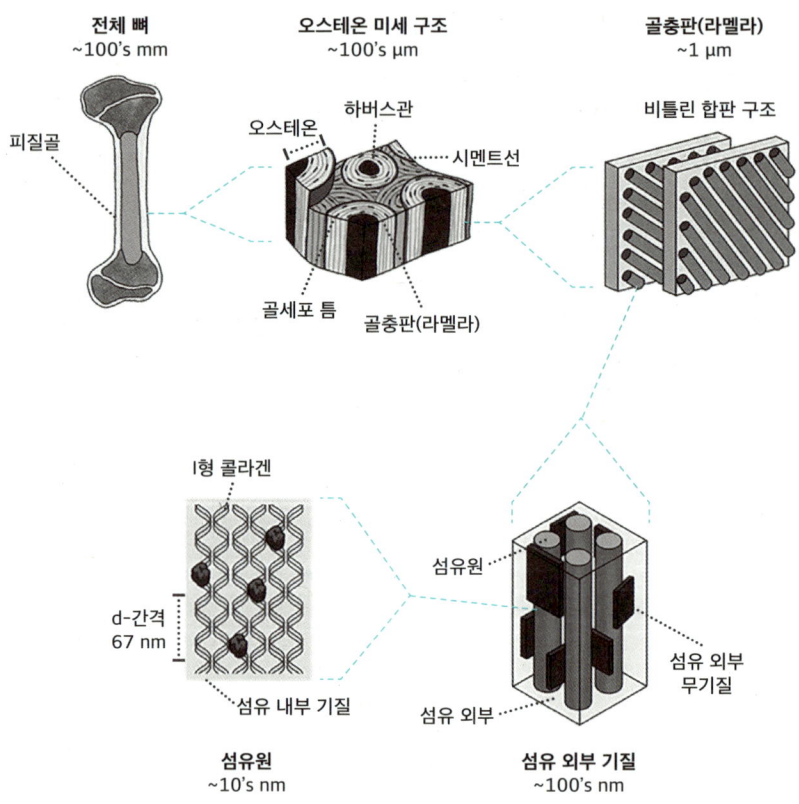

뼈의 계층적 구조

개가 돼지 뼈를 삼켜도 괜찮은가?

수산화인회석 성분은 위(stomach)에 있는 산(H^+)과 반응하여 녹게 되지요. 칼슘 이온(Ca^{2+})과 인산수소 이온(HPO_4^{2-}) 등으로 분해되는데 반응식은 다음과 같습니다.

$$Ca_{10}(PO_4)_6(OH)_2(s) + 8H^+(aq) \rightarrow$$
$$10Ca^{2+}(aq) + 6HPO_4^{2-}(aq) + 2H_2O(l)$$

S 고체 aq 수용액(물질이 녹아 있는 상태) l 액체

사람의 위액의 pH는 공복 상태에서 2가 넘지만 동물성 먹이를 주로 섭취하는 개의 위액 pH는 1~2 정도로 사람의 위보다 강력한 산성을 띕니다. 식후에는 pH가 1 정도로 매우 낮게 떨어져서 소화를 도와줍니다. 개의 위 속에서 뼈가 다 녹는 데는 시간이 걸릴 뿐이지 결국 다 녹습니다. 다만 뾰족한 닭 뼈 같은 것은 삼켰을 때 위를 찔러서 구멍을 낼 수 있으므로 개가 먹도록 하면 안 되지요.

과학 퀴즈

단백질을 충분히 섭취하지 못하면(못해도) 뼈가 (약해진다, 영향을 받지 않는다).

49

탐욕의 공기 방울

🔍 **Hint** #헨리의 법칙 #기체의 용해도

🖊 화학 탐정 일지

며칠 전, 한 여자가 사무실의 문을 두드렸다. 핏발이 선, 허공을 보는 듯 공허한 눈동자를 가진 이였다.

"남자 친구가 잠수 사고를 당했어요. 깨어나지 않아요."

그녀가 말했다. 낮은 목소리가 메마른 모래처럼 갈라져 있었다.

그녀의 남자 친구와 두 명의 동료는 소위 말하는 보물 사냥꾼이었다. 서해 바다 밑에 숨어 있을 보물선을 찾아다니며 오랜 유물을 건져 올려 비밀 경매에 붙이는 것이 그들이 돈을 버는 방법이었다.

그녀의 남자 친구는 바다를 잘 알았다. 그 누구보다 깊이 내려갈 수 있는 능력을 가졌으나 잠시도 방심하지 않았다. 수백 번의 잠수를 했고 단 한 번도 실수하지 않았다. 그런 그가 사고로 코마에 빠졌다. 이유는 급성 감압병이었다. 그녀의 말대로, 그것은 있을 수 없는 이야기였다. 베테랑 잠수사에게 잠수병은 곧 안전 수칙 위반이었고, 그녀의 남자 친구가 그걸 모를 리 없었다. 코마에 빠진 그는 병원의 고압 산소 치료기에 의존해 생명을 유지하고 있었다.

나는 그의 동료였던 보물 사냥꾼들을 수소문해 찾아갔다. 그들은 서해의 펄에 묻혀 있던 도자기들을 물에 씻고 있었다. 그들은 아무런 거리낌없이 날 맞았다. 사건이 일어나던 당시를 묻자, 그들은 내 의뢰인의 남자 친구가 무엇에 놀란 듯 갑자기 수면 위로 솟구쳤다고 입을 모았다. 자신들도 그런 것은 본 적이 없다고, 그가 왜 그랬는지 알 수가 없다고 말했다. 잠수 장비를 살펴볼 수 있느냐는 말에 "얼마든지"라고 자신만만하게 말하는 그들의 눈에서 숨길 수 없는 두려움을 보았다.

깊은 수심에서 잠수부의 폐는 오그라들었을 것이다. 폐에 들어 있는 **질소**는 잠수부의 핏속으로 그리고 몸의 세포 속으로 파고들었겠지. 그들 중 누군가가 잠수부의 헬멧으로 흘려보내는 산소가 들어 있는 통의 밸브를 막았을 것이다. 비릿한 웃음을 지으면서.

숨이 막힌 잠수부는 숨을 쉬기 위해 본능적으로 수면을 향해 **급하게** 올라왔겠지. 산소가 부족한 뇌는 이성적인 사고가 불가능했을 테니까.

수면의 낮은 압력은 핏속에 녹아 있던 질소를 놓아주었을 것이고 이 질소 방울들은 뇌에 공급되는 혈액의 길을 막고 심지어 혈관을 터트렸겠지. 수면 위로 올라온 그는 이미 심각한 뇌 손상을 입고 혼수상태에 빠진 채 발견되었을 것이다.

하지만 그들이 계산하지 못한 것이 있었다. 사고 전날 그가 여자 친구에게 보낸 메시지가 남아 있다는 사실을 그들은 몰랐다.

의뢰인이 내게 보여 준 메시지였다.

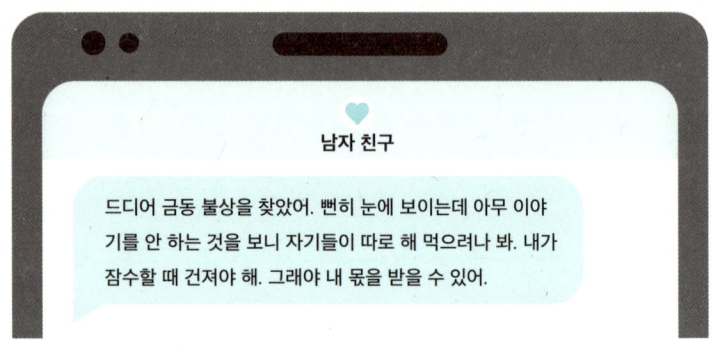

그녀의 남자 친구는 자기의 몫을 잃지 않으려 했고, 그들은 보물을 독차지하려 했다. 더 큰 욕심이 살인 미수 사건을 부른 것이다.

며칠 뒤, 경찰은 유물 은닉죄로 두 사람을 체포했다. 그들의 배 밑바닥에서는 숨겨 두었던 작은 불상 하나가 발견됐다. 살인 미수 혐의는 경찰이 정밀 조사해 밝혀내겠지.

"저게 내 남자 친구를 죽일 뻔했네요."

의뢰인이 말했다.

"아뇨. 인간의 탐욕이 그런 것이지요."

몇 주 후, 기적처럼 의뢰인의 남자 친구는 의식을 되찾았다. 아직 완전히 회복되지는 못했지만, 시간이 지나면 그는 누가, 왜 자신의 생명을 앗아 가려 했는지 기억해 낼 수 있을 것이다. 바다가 모든 진실을 삼킨 줄 알았던 동료들의 계획은 그렇게 수면 위로 드러나게 되었다.

바다는 언제나와 같이 잔잔한 물결로 덮여 있다. 그 깊은 곳에서 어떤 끔찍한 일이 벌어졌든 간에 자기는 아무 상관이 없다는 듯이 말이다.

🔍 과학 추리 수업

잠수부가 갑자기 수면 위로 오르면 어떤 일이 생기는가?

기체의 용해도란 특정 온도와 압력 조건에서 일정량의 용매(주로 물)에 최대로 녹을 수 있는 기체의 양을 말하지요. 압력이 높을수록, 그리고 온도가 낮을수록 기체는 물에 더 많이 녹을 수 있습니다. '압력이 높으면 높을수록 기체가 더 많이 녹을 수 있다'는 것이 헨리의 법칙이지요.

해수면에서의 압력은 1기압입니다. 그리고 수심이 10미터가 깊어질 때마다 1기압씩 올라가지요. 서해의 경우 평균 수심이 약 40~50미터 정도 되므로 수심 40미터인 곳에서의 압력은 5기압, 50미터인 곳에서의 압력은 6기압이 됩니다.

잠수부

이런 높은 압력에서는 혈액과 체액에 질소와 산소가 훨씬 많이 녹아 들어가는데, 잠수부가 갑자기 수면 위로 올라오면 혈액에 녹아 있던 질소가 빠르게 빠져나오면서 기포가 생기지요. 질소 기포가 혈관을 막아서 혈액 순환을 방해하고 몸 곳곳의 기관에 산소 및 영양 공급을 차단합니다. 결국 뇌, 폐, 심장 등에 치명적인 손상을 입힐 수 있지요.

한편 일정한 부피에서 기체의 온도와 압력은 비례합니다. 이때 온도는 절대 온도를 쓰는데, 절대 온도 = 섭씨 온도 + 273.15로 정의하지요.

캔 콜라를 뜨거운 차 안에 두면 때때로 터지기도 하는데 왜 그런 일이 생기는지 알아봅시다. 캔 콜라의 온도가 높아지면 높아질수록, 물이 이산화탄소를 붙잡아 둘 힘이 약해지지요. 그래서 물에 녹아 있지 못하고 기체 상태로 나오는 이산화탄소 양이 훨씬 많아집니다. 게다가 온도가 높아지면 이 기체 분자들이 더 빨리 움직이면서 캔의 벽에 부딪치니까 캔 안의 압력도 동시에 확 높아지는 것입니다. 물에서 빠져나온 이산화탄소도 많아졌고 압력도 높아져서 캔 내부의 압력이 캔이 견딜 수 있는 힘을 넘어서게 되면, 결국 캔 자체가 터져 버리게 되는 것이지요.

과학 퀴즈

높은 산에서 캔 콜라를 따면 바닷가에서 같은 온도의 캔 콜라를 따는 것보다 기포가 더 (많이, 적게) 발생한다.

배터리의 폭발

🔍 Hint #원소의 성질 #산화/환원

✒️ 화학 탐정 일지

오늘도 길을 걷다가 그 소리 없는 망령과 부딪힐 뻔했다. 조용히 다가와 등 뒤를 덮치는 전동 스쿠터는 원초적인 공포를 일으킨다. 하피 독수리(harpy eagle)의 발톱이 노리는 나무늘보가 된 기분이다.

"전동 스쿠터는 의무적으로 소리가 나게 해야지, 원."

사무실 문을 열자마자 전화벨이 울렸다. 전화선 너머로 조 수사관의 다급한 목소리가 들려왔다.

지난 주말, 서울 외곽의 낡은 빌라에서 밤새 타오른 불로 주민들이 연기를 흡입하고 30대 여성이 크게 화상을 입은 사건이 있었다. 다친 여성의 남편은 야간 근무를 마치고 뒤늦게 귀가해 화를 면했다. 화재는 남편이 평소 타고 다니던 전동 스쿠터의 **배터리**에서 시작되었다. 흔한 리튬 이온 배터리 과충전 사고로 보였다. 하지만 조 수사관은 왠지 모를 꺼림직함에 끝까지 사건을 파고들고 싶다고 했다.

이상한 점이 보였다. 배터리는 과열 위험 때문에 머리맡에서 충전하지 말아야 한다. 하지만 전동 스쿠터는 안방, 그것도 타기 쉬운 옷가지 더미 아래에 놓여 충전되고 있었다. 남편의 부탁으로 아내가 충전을 대신 해 주었던 것이다. 게다가 최근 그는 아내 이름으로 몰래 사망 보험을 들었다. 모든 정황은 남편을 향하고 있었다. 하지만 명백한 증거가 필요했다.

나는 불이 시작된 배터리를 조사하기 시작했다. 배터리는 부풀고 검은 그을음으로 덮여 있었지만 이 모든 일의 시작에 대한 단서를 품고 있었다. 충전 포트와 보호 회로(BMS) 부분이 훼손되어 있었기 때문이다. 누군가 고의로 뾰족한 도구를 이용해 미리 망가트린 것이 분명했다. 마지막으로 남편이 도박에 빠져 집마저 담보로 잡힌 상태였음도 밝혀냈다. 증거 앞에 그는 고개를 숙일 수밖에 없었다.

운명의 날, 보호 회로가 훼손된 배터리에서 시작된 불은 옷가지로 옮겨붙었고 유독 가스가 뿜어져 나왔다. 그는 평소 뉴스에서 접한 배터리 폭발 사고를 보며, 자신의 탐욕을 감추어 줄 완벽한 사고를 꿈꾸었을지 모른다. 그러나 자신이 새겨 놓은 범죄의 서명이 결국 자신을 옭아맬 포승줄이 될 줄은 꿈에도 몰랐다.

🔍 과학 추리 수업

배터리 회로가 망가지면 왜 충전 중 열폭주가 일어나는가?

먼저 일반적인 리튬 이온(Li^+) 배터리의 구조를 살펴봅시다. 탄소로 이루어진 음극(아래 그림의 오른쪽)과 금속산화물 등으로 이루어진 양극 (그림의 왼쪽)이 보일 것입니다.

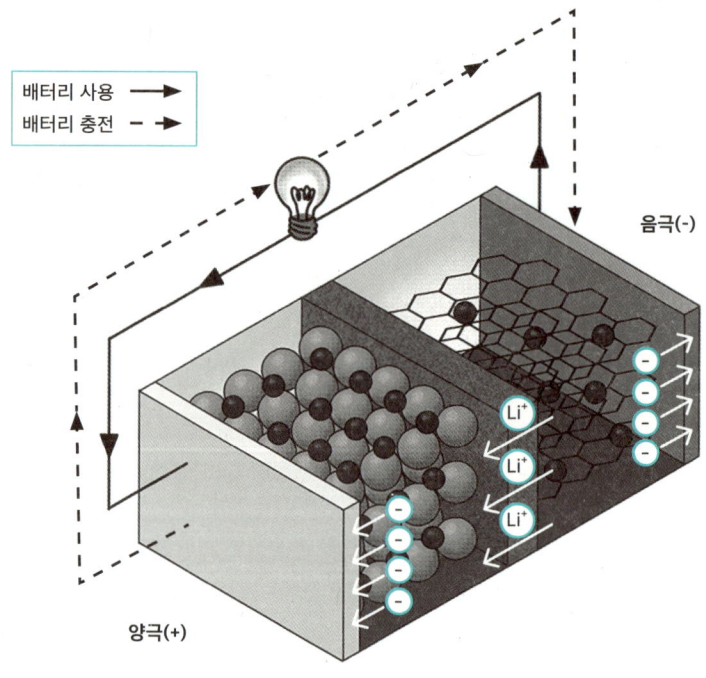

리튬 이온 배터리의 내부 구조

배터리를 사용하면 음극 속에 있는 Li이 산화되면서 Li^+로 바뀌고 전 해질을 거쳐 양극으로 이동하여 양극재 속으로 들어가지요. Li에서 빠져나온 전자가 전선을 타고 양극재 쪽으로 가는데 이 이동하는 전자가 가진 에너지를 이용하여 전기 기구를 가동시킬 수 있습니다.

배터리의 충전은 이 과정의 반대입니다. 양극재에서 전자가 빠져나와서 전선을 타고 음극재인 탄소로 이동하고 Li^+이 양극재에서 빠져나와 전해질을 거쳐 음극재인 탄소로 들어가지요. Li^+과 전자는 다시 만나서 Li 원자를 만듭니다.

이때 양극과 음극은 분리막에 의해 분리되어 있는데 이 분리막이 손상되면 양극과 음극 사이에 전류가 직접 흐르면서 큰 문제를 야기할 수 있지요. 만약 배터리의 보호 회로가 손상되면 배터리 충전 중 너무 큰 전류가 흐르게 되어 전해질을 분해하기 시작합니다. 이때 많은 열이 나면서 분리막을 손상시키면, 양극과 음극이 직접 접촉되어 아주 큰 전류가 흐르고 전해질의 분해는 가속되지요. 전해질이 분해되면서 수소 기체 등 불이 붙을 수 있는 기체가 나오고 결국 폭발하게 되는 것입니다.

과학 퀴즈

충전된 배터리를 못으로 구멍을 뚫고 물에 집어넣으면 (아무 일도 일어나지 않는다, 열이 나고 폭발할 수 있다).

사건 파일 10

인플루언서의 풀 파티

🔍 **Hint** #승화 #기체의 밀도

✏️ 화학 탐정 일지

친구의 딸, 클로이는 화려한 인플루언서였다. 눈부신 미모와 몸매로 협찬받은 명품을 걸치고 호화로운 파티를 소셜 미디어에 생중계하며 수많은 사람의 부러움을 샀다.

동창회 날, 오랜만에 만난 친구는 주름진 얼굴에 걱정을 가득 담고 있었다.

"늘 저렇게 파티를 즐기고 살면 주변에 진정한 친구가 있을지 걱정이야. 게다가 얼마 전엔 소셜 미디어에서 살해 협박까지 받았다고 하더라고."

나는 애써 대수롭지 않게 말했다.

"뭐, 별일이야 있겠어. 돈 잘 벌고 잘 즐기면 됐지. 괜한 걱정 마."

하지만 친구의 불안한 표정은 끝내 풀리지 않았다.

60

며칠 후, 클로이가 자신이 주최한 풀 파티(pool party) 도중 사망했다는 청천벽력 같은 소식이 전해져 왔다. 이 파티는 소셜 미디어에서 생중계되고 있었고, 수많은 시청자가 그녀의 마지막 순간을 실시간으로 지켜보았다. 사인은 단순한 질식사로 결론 났지만, 명확한 사망 원인은 오리무중이었다.

나는 곧바로 클로이의 마지막 풀 파티 영상을 찾아보았다. 작은 실내 수영장에서 젊은 남녀들이 칵테일 잔과 술병을 들고 광란의 파티를 즐기고 있었다. 물에서는 김이 무럭무럭 피어오르고 있었다.

그런데 김이 너무 많지 않은가? 마치 안개가 수면 위를 덮고 있는 것 같았다. 일반적인 온수 풀에서 나는 수증기와는 확연히 달랐다. 마치 고체 상태의 무언가를 물에 집어넣은 것처럼 말이다.

나는 직감적으로 이 '김'이 사건의 열쇠임을 깨닫고 즉시 경찰에 연락했다.

"파티 당시 현장에 어떤 특이한 물질이 사용되었는지, 누가 그런 물질을 구입했는지부터 조사해 보십시오."

경찰의 심층 조사를 통해 사건의 전말은 곧 드러났다. 파티가 열리던 실내 수영장의 온도는 상당히 높았다. 분위기가 무르익을 무렵, 클로이의 친구 한 명이 수영장 물을 좀 식히기 위해 얼음을 넣자고 제안했고, 다들 흥분하며 동의했다. 주변을 둘러보던 친구들은 파티 음식 배달 업체에서 가져온 음식 냉장 보관용 '얼음' 상자를 발견했다. 그것이 일반 얼음이 아닌 **드라이아이스**라는 사실은 아무도 눈치채지 못했다.

친구들은 드라이아이스 덩어리를 부수어 따뜻한 수영장 물에 던져 넣었고 그 즉시 엄청난 양의 흰 김이 뭉게뭉게 피어오르기 시작했다. 사람들은 멋진 분위기에 취해 환호했고, 남은 드라이아이스를 전부 물에 쏟아부었다.

차갑고 치명적인 이 흰 '김'이 비극의 시작이었다. 그것은 뜨거운 물이 증발하여 생긴 수증기가 아니었다. 그것은 이산화탄소의 고체 상태인 드라이아이스가 주변의 높은 온도 때문에 **승화**하며 만든 차가운 기체가 공기 중의 수증기를 만나서 만든 차가운 안개였다.

이산화탄소 기체는 수영장 주변의 낮은 공간부터 차곡차곡 가득 채워지기 시작했다. 사람들은 몽환적인 분위기에 취해 계속 술을 마시고 춤을 추었지만, 점점 산소 부족 상태에 빠지기 시작했다. 조금 지나자 한 명, 두 명… 사람들이 이산화탄소 중독으로 인해 의식을 잃고 쓰러지기 시작했다. 그중 정신을 차린 몇몇이 119에 신고했지만, 안타깝게도 클로이를 포함한 몇 명은 이미 산소가 완전히 고갈된 공간에서 숨이 멎었거나 의식을 잃고 수영장에 빠져 익사한 뒤였다.

이 사건은 살해 협박범이 벌인 짓도, 고의적인 범죄도 아니었다. 단지 물질의 성질에 대한 무지가 빚어낸 비극이었다.

이산화탄소는 왜 아래부터 차곡차곡 채워졌나?

n은 몰수이고, m은 물질의 질량입니다. 아보가드로수 N_A는 ^{12}C 탄소 12g 속에 들어 있는 탄소 원자의 수로서 6.02×10^{23}개이고 1몰(mol)이라고 정했어요. M_w란 분자가 6.02×10^{23}개, 즉 1몰 있을 때의 질량입니다.

따라서 n은 $n = \dfrac{m}{M_w}$로 나타낼 수 있고, 이상기체 방정식 $PV=nRT$는 다음과 같이 쓸 수 있습니다.

$$PV = \frac{m}{M_w} \times RT$$

이 식을 V에 대해 정리해 보면 다음과 같은 식이 나옵니다.

$$V = \frac{m \times RT}{P \times M_w}$$

여기서 밀도는 $d = \dfrac{m}{V}$이므로, $V = \dfrac{m}{d}$를 위의 식에 대입하여 정리하면 다음 식이 나옵니다.

$$\frac{m}{d} = \frac{m \times RT}{P \times M_w}$$

$$d = \frac{P \times M_w}{RT}$$

M_w는 분자량이므로, 기체의 밀도는 기체의 분자량과 비례함을 알 수 있습니다. 이산화탄소의 분자량은 44.01로 공기의 평균 분자량 28.8~29보다 더 커요. 이산화탄소의 밀도가(즉, 비중이) 커서 아래에 먼저 쌓이게 되는 것입니다.

드라이아이스

기체	분자식	분자량(g/mol)	공기와의 비교
이산화탄소	CO_2	44.01	무겁다
산소	O_2	32.00	약간 무겁지만 거의 비슷하다
질소	N_2	28.02	비슷하다
공기(질소 약 78%, 산소 약 21%)		약 28.8~29	-

과학 퀴즈

밀폐된 방 안에서 선풍기를 틀고 자다가 사망한다면 (이산화탄소 질식, 선풍기가 산소 분자를 쪼개기) 때문일 가능성이 높다.

맨홀 아래의 트릭

🔍 **Hint** #기체의 종류 #밀도

✏️ 화학 탐정 일지

길을 걷다 마주치는 맨홀 뚜껑을 볼 때마다 지옥의 입구를 보는 듯이 섬뜩하다. 그 둥근 철판 아래에는 단순히 하수구 오물만 흐르지 않는다. 인간의 탐욕과 악한 마음이 용광로에서 흘러나오는 쇳물처럼 천천히 흐른다.

뜨거운 여름날 사무실에 축 늘어져 있을 때 조 수사관에게서 전화가 걸려 왔다. 재개발이 확정된 아파트 단지에서 하수도 오염도를 조사하던 작업자가 맨홀 아래에서 질식사했다는 소식이었다. 경찰 당국은 '오염된 공기 흡입으로 인한 단순 사고사'로 사건을 마무리하려 했지만,

맨홀

사건은 너무나도 기이하여 조 수사관은 손을 뗄 수가 없다고 했다.

사망자는 20년 넘게 맨홀 작업을 해 온 베테랑이었다. 그는 작업 전에 맨홀 아래 공기에서 메탄이나 황화수소 같은 **유해 가스**가 검출되는지를 반드시 측정했다. 현장에 남은 기록 일지에 따르면 당일 가스 농도는 기준치 이하였고, 산소 농도 역시 정상이었다. 만약 위험했다면 그는 산소마스크를 착용했을 것이다. 하지만 그는 마스크를 쓰고 있지 않았다. 하수구 안의 공기는 정상이었을 것이다.

유해 가스 유무와 상관없이 맨홀 입구에 강제 환기 장치를 켜 두는 것은 하수도 작업의 불문율이다. 그러나 현장에 도착했을 때, 장치는 꺼져 있었다. 또한 맨홀 작업은 반드시 두 명 이상 진행하여야 한다. 하지만 사고 현장에는 사망자 외 다른 작업자는 없었다. 그는 지하에 홀로 내려갔다.

죽은 자의 몸에는 사망의 원인이 남아 있기 마련이다. 조 수사관과 나는 부검실로 향했다. 검시관은 말했다.

"여기 보세요. 시신의 손과 얼굴에 있는 자국이 보이죠? 이건 아주 최근에 화상을 입었거나 아주 차가운 물체가 닿아서 생긴 거예요."

범인의 트릭이 무엇인지 곧 깨달았다. 그리고 범인은 사망자의 모든 스케줄을 알고 있는 주변 인물이라는 것도. 나는 조 수사관에게 말했다.

"사망자의 주변 인물 중에 액체질소 같은 **극저온 액체 기체**를 쉽게 구할 수 있거나, 최근에 구매한 기록이 있는 자들의 리스트를 확인하

십시오. 범인은 곧바로 드러날 겁니다."

　진실이 곧 밝혀졌다. 놀랍게도, 범인은 사망한 이의 친동생이었다. 형만 사라지면 말기 암에 걸린 아버지의 모든 유산을 단독으로 상속받을 수 있다는 명백한 동기, 그리고 살인을 실행할 악의까지 가진 그에게 피는 더 이상 물보다 진하지 않았다. 동업 중인 형의 작업 스케줄을 조작하는 것은 아무 문제가 아니었다.

　범행 당일, 동생은 형이 맨홀 아래의 어둠 속으로 내려가는 순간을 노렸다. 동생은 조용히 환기 장치를 껐다. 그리고 갑자기 사라진 환기 장치의 소리에 놀라 고개를 위로 쳐드는 형을 바라보며 액체질소를 맨홀 내부로 쏟아부었다. 섭씨 영하 196℃의 액체는 갑자기 기체로 변하며 지하 공간을 질소로 가득 채웠다. 형의 폐를 채우는 차가운 공기에 산소는 거의 없었다.

　동생의 범죄는 거의 완벽했다. 하지만 형의 몸 위에 남은 액체질소의 흔적은 동생의 범죄에 작은 구멍을 만들었고 그를 차가운 감옥 바닥에 주저앉히기에 충분했다. 그는 이제 밤마다 형의 유령과 싸우게 될 것이다.

🔍 과학 추리 수업

질소 기체 28g의 부피는 어느 정도인가?

이상기체 방정식을 사용하면 질소(N_2) 기체의 부피를 구할 수 있습니다. 질소의 분자량은 28입니다. 즉 질소 1몰의 질량이 28g임을 의미합니다. 0℃에서의 부피를 계산해 보면 약 22L가 되지요. 부피를 구하기에 앞서, 질소 28g의 몰수(n)를 먼저 계산해 봅시다. 물질의 질량(m)을 분자량(M_w)으로 나누어 구할 수 있습니다.

$$n = \frac{m}{M} = \frac{28g}{28g/mol} = 1mol$$

이상기체 방정식 $PV = nRT$에 주어진 값과 상수를 대입하면 $(1atm) \times V = (1mol) \times (0.08206L \cdot atm \cdot mol^{-1} \cdot K^{-1}) \times (273.15K)$가 되지요. V에 대해 계산하면 $V \approx 22.4L$, 대략 22L의 부피를 가짐을 알 수 있지요.

형은 왜 질식사했나?

액체질소 28kg을 부어 0℃의 온도를 가지는 기체를 만들었다고 가정합시다. 28g일 때 부피가 22L이므로 28kg일 때는 22×1000, 즉 2만 2,000L의 부피가 갑자기 생기게 된 것이죠. 이만한 부피가 기존에 있던 산소와 질소의 혼합 기체를 밀어내기 때문에 형의 주변에는 거의 질소만 있게 된 것이지요. 숨을 쉴 산소가 너무 희박하여 질식하고 만 것입니다.

지금까지
11개 사건 파일을 살펴봤어요.
추리력이 상승하는 게 느껴지나요?

액체질소 (7g, 14g)을 풍선에 넣고 풍선을 묶고 좀 기다리면 풍선의 부피는
11L가 된다.

범죄 현장을 밝히는 반딧불이

🔍 **Hint** #촉매 반응 #형광

🖌 화학 탐정 일지

그에게서는 언제나 희미한 **락스** 냄새가 난다.

그리고 그는 남의 손이 몸에 닿거나 자신의 물건에 닿는 것을 극도로 혐오한다. 그의 결벽증은 그를 외톨이로 만들었다. 주변 사람들의 눈에 그는 언제나 지나치게 깔끔을 떠는, 말을 걸고 싶지 않은 존재였다.

금요일 오후, 그는 주머니에 손을 넣은 채 걷고 있었다. 얼굴에 주름이 가득하고 등이 굽은 할머니가 길가에서 껌을 팔고 있었다. 할머니는 지나가던 그의 손목을 갑자기 붙잡았다.

"총각, 껌 하나만 팔아 줘."

그는 반사적으로 손을 뿌리쳤고, 노인은 뒤로 넘어졌다. 그는 노인의 비명 따윈 신경 쓰지 않았다. 노인의 손에 묻은 세균이 몸에 옮아왔다는 생각에 정신이 나갈 것 같았기 때문이다. 근처 공중화장실에서 그는 비누칠과 헹굼을 여러 번 반복했다. 피부가 벌게지도록 말이다.

집에 돌아와서는 옷을 세탁기에 넣고 온 집을 청소하기 시작했다. 세상의 더러움이 집 안에 들어오는 것을 용납할 수가 없었다. 집을 뒤덮은 락스 냄새 속에서 그는 겨우 안정을 되찾을 수 있었다.

일주일 후, 각각 자신의 집에서 발견된 두 구의 시체 소식에 마을은 온통 뒤숭숭했다.

82세 독거노인, 21세 여성. 둘 다 그와 인연이 있었다. 껌을 팔던 노파, 그리고 지하철 개표구에서 휠체어를 몰며 그와 다투던 여자.

살해 현장은 이상하리만큼 깨끗했다. 락스 냄새가 가득했고, 루미놀을 뿌리자 벽과 바닥이 창백한 푸른빛으로 번쩍였다. 피가 있었던 자리였다. 형사들은 말했다.

"피를 락스로 지웠군. 하지만 **철**이 남는다는 것은 몰랐나 보군."

락스 냄새, 피해자와의 악연, 그리고 그의 결벽증. 모든 것이 그를 가리키고 있었다. 유력한 용의자인 그는 바로 구금되었다. 노인의 집 창문이 깨져 있었다는 것과 창문에서 작은 고무 조각이 발견되었다는 사실은 사건 조사서에만 올라 있을 뿐 아무도 언급하지 않았다.

나는 그 뉴스를 보며 의심했다.

'저런 인간이 피를 만졌다고? 더럽다는 생각만으로도 몸을 떠는 자가?'

예상대로 수사는 막다른 골목에 다다르고 말았다. 그가 범죄를 저질렀다는 증거를 찾을 수가 없었기 때문이다. 강력계 조 형사의 수사 협조 요청을 받자마자 나는 바로 독자적인 조사에 들어갔다.

피해자들의 집엔 약이 많았다. 약봉지에는 모두 같은 약국의 이름이 적혀 있었다. 처방전에는 보험 처리가 되지 않는 비싼 약들이 보였다. 경찰을 통해 관련자들의 통화 기록을 뒤지자 퍼즐이 맞춰졌다. 약사는 처방전을 내린 의사의 부인이었다. 의사는 아내 약국의 매출을 올려 주기 위해 환자들에게 과다 처방을 내렸고, 피해자들은 과다 처방으로 신고하겠다고 의사를 협박하고 있었다.

노인의 집 창살에서 발견된 고무 조각은 의사의 신발 밑창에 난 작은 흠집과 딱 맞아떨어졌다. 의사는 바로 체포되었다. 의사는 울부짖으며 결백을 외쳤다. 아무도 그 말을 믿지 않았다.

처음 용의자로 몰렸던 그는 바로 풀려났다. 그러나 사람들은 전보다 더 그를 멀리했다. 살해범으로 의심받으며 감방에서 보낸 시간 동안 그는 안타깝게도 사람들의 마음속에 흉악한 범죄자로 각인되어 있었다.

그의 집 안은 여전히 락스 냄새로 가득하다. 그는 오늘도 바닥을 닦으며 중얼거린다.

"더러운 것들은 다 지워야 해. 세상에는 너무 많은 오염물이 있어."

루미놀 반응이란 무엇인가?

NH_2

$$루미놀$$

루미놀

루미놀은 범죄 현장에서 혈흔을 찾는 데 아주 유용한 형광 물질입니다. 반응을 일으키기 위해서는 루미놀을 산화제인 과산화수소(H_2O_2)와 혼합해 사용하지요. 루미놀 시약이 혈액에 닿으면 피에 들어 있는 철(Fe)이 촉매로 작용해 과산화수소를 분해하고, 물과 산소 라디칼(결합을 이루지 않고 홀로 존재하는 산소 원자. 반응성이 매우 높다)을 만듭니다.

루미놀은 산소 라디칼을 만나면 들뜬상태의 3-아미노프탈산(3-aminophthalate)이 되지요. 이 화합물에 있는 들뜬상태의 전자가 다시 바닥상태가 되면서, 들뜬상태의 전자와 바닥상태의 전자의 에너지 차이만큼 빛을 내어놓습니다. 이 빛을 형광이라고 부릅니다. 루미놀이 내어놓는 빛은 창백한 청색이지요.

$$\Delta E = h\nu$$

E	에너지
h	$6.62607015 \times 10^{-34}$ J·s (플랑크 상수)
ν	빛의 진동수

락스로 피를 닦았는데도 왜 루미놀 반응이 나왔는가?

락스는 강력한 산화력을 가지는 물질이지요. 그러나 락스로 피를 닦더라도 철을 완전히 제거할 수는 없습니다. 소량 남아 있는 철 성분이 과산화수소를 분해하여 활성 산소종을 만들고 루미놀 반응을 일으킨 것이지요.

촉매는 어떻게 남만 변화시키는가?

촉매는 자신은 변하지 않으면서 자신에게 붙은 화합물을 변환시키고 떨어져 나가게 할 수 있습니다. 과산화수소를 분해한 철의 이온은 촉매 반응 전과 후의 변화가 없지요.

우리 몸속에도 촉매가 있어요. 바로 효소이지요. 탄수화물, 단백질, 지방 등을 분해하는 효소도 있고 호르몬 등을 만드는 효소도 있습니다. 우리 몸속에는 무려 7만 5,000종 이상의 효소가 존재한다고 추정됩니다. 확실하게 그 기능이 알려진 효소만 해도 5,000종 이상입니다. 효소는 아미노산이 여러 개 이어져 만들어진 단백질인데, 그 속에 금속의 이온이 있는 종류도 있고 없는 종류도 있지요.

반딧불이의 꽁무니에서 나오는 빛은 (형광, 인광)이다.

사건 파일 13

녹슨 마음

🔍 Hint #산화/환원

✏️ 화학 탐정 일지

신문 한 귀퉁이에 눈길을 끄는 제목이 있었다.

> **[단독] 유명 사립 박물관 전시 보물**
> **'세종의 서탁(책을 읽는 책상)',**
> **위조품일 가능성 농후!**

나는 커피를 내려놓고 천천히 기사를 읽었다. 그 서탁을 기증한 사람은 고미술계에서 가장 유명한 수집가였다. 수많은 고대의 유물들이 그를 통해 세상의 빛을 보아 왔다. 한 사람이 찾아내기에는 너무나 많은 유물이 말이다.

그는 방송계의 떠오르는 스타였고 부와 명예를 순식간에 거머쥐었다. 그의 한마디에 오래된 물건들이 보물이 되기도 고물이 되기도 했다. 아무도 그의 권위에 함부로 도전하지 못했다. 그는 의혹을 제기한 박물관을 바로 고소했다.

며칠 뒤 박물관 큐레이터에게서 전화가 왔다.

"서탁의 진품 여부를 감정해 주실 수 있을까요? 경첩 부분이 이상합니다. 나무가 미묘하게 비틀려 있고, 결이 맞지 않아요."

나는 웃으며 대답했다.

"진실은 녹을 벗겨야 보일 것입니다."

박물관에 찾아가서 확인한 서탁의 경첩에는 녹이 슨 오래된 못들이 박혀 있었다. 겉으로 보기에는 못들은 다 똑같아 보였다. 나는 못의 표면을 조금씩 떼어 내어 표면 분석을 시작했다. 대부분의 못은 Fe_2O_3으로 덮여 있었다. 그러나 2개의 못만은 달랐다. Fe_2O_3와 Fe_3O_4, 두 종류의 **산화철**이 섞여 있었다. 오랜 세월 동안 철이 나이를 먹으면서 만드는 녹 말이다. 즉, 2개의 못만이 진짜였다.

사무실로 돌아와 새 못을 염기성 용액에 담갔다. 얼마 지나지 않아 못의 표면에 선명한 Fe_2O_3의 붉은 녹이 생겼다.

위조범의 수법은 명확했다. 철을 가속 산화시켜 시계를 빨리 돌렸다. 그다음, 오래된 진짜 골동품에서 못 2개를 빼내어 가짜 골동품을 진짜로 바꾸었다. 진짜의 일부를 가짜에 옮겨 심어, 모든 사람을 속이는 마법을 부린 것이다! 수많은 고대 유물을 짧은 시간에 찾아낸 천재성의 비밀이었다.

그런데 2개의 진짜 못은 어디서 온 것일까? 나는 박물관에 전화를 걸었다.

"혹시 수집가가 기증한 다른 세종 시절의 골동품 중, 못이 빠진 게 있습니까?"

전화기 너머로 바로 답이 왔다.

"못이 빠져 있는 골동품이 많아요!"

모든 퍼즐 조각이 맞춰졌다.

며칠 뒤, 나는 그 수집가의 자택으로 가서 만남을 요청했다. 그는 웃고 있었지만 그의 입꼬리는 떨리고 눈동자는 흔들렸다. 그에게 사무실에서 만든 녹슨 못을 건네며 말했다.

"시간을 뛰어넘은 비밀, 여기에 있습니다."

굳은 그의 얼굴을 뒤로하고 나는 바로 돌아섰다. 며칠 후, 고미술품 수집가가 건강상의 이유로 활동을 그만둔다는 기사가 올라왔다. 박물관을 상대로 한 고소도 취하한다는 소식과 함께 말이다.

🔍 과학 추리 수업

산화철의 종류를 어떻게 구분할 수 있을까?

Fe_2O_3 안에 있는 철과 산소의 산화수는 각각 +3과 -2입니다. 화합물 내에서 산소의 일반적인 산화수는 -2이므로 이를 기준으로 다른 종류의 원자의 산화수를 찾으면 되지요. 산소가 3개 있으니 산소들의 산화수 총합은 -6, 2개의 철이 이 -6을 상쇄시켜야 하므로 철의 산화수 총합은 +6이 됩니다.

Fe_3O_4의 경우 FeO와 Fe_2O_3가 합쳐졌다고 생각하면 되지요. FeO에 있는 철의 산화수는 +2가 되고 Fe_2O_3에 있는 철의 산화수는 +3이 됩니다.

X선 광전자 분광기 (© Stian Martinsen | Wiki Commons)

XPS(X선 광전자 분광기)라는 기기는 이러한 물질의 산화수를 측정하는 데 사용되지요. 좀 더 구체적으로는 물질에 X선을 쪼여 방출되는 전자의 결합 에너지(binding energy)를 측정하여 원소의 화학적 상태, 즉 산화수를 분석하는 데 사용되는 분석 기기입니다.

Fe_2O_3은 철의 산화수가 +3 한 종류만 존재하기 때문에, Fe^{3+} 상태에 해당하는 결합 에너지 위치에서 시그널이 관찰되지요.

Fe_3O_4의 경우는 두 가지 종류의 철의 산화수가 존재하므로, Fe^{2+}와 Fe^{3+} 두 가지 상태에 해당하는 시그널이 동시에 나타나게 됩니다.

MnO에서 Mn의 산화수는 (+2, +3)이다.

붉은 물

🔍 **Hint** #금속의 성질

🖊 화학 탐정 일지

전화로 사건 의뢰가 들어왔다.

아파트 문을 열어 준 의뢰인 김 씨의 얼굴은 말이 아니었다. 눈 밑은 검었고 흰자위는 붉게 충혈되어 있었다. 김 씨는 지난 두 달 동안 거의 잠을 자지 못했다고 하소연했다.

"이 집에서 도저히 살 수가 없어요. 수도꼭지를 돌릴 때마다 녹물이 나와요. 피처럼 붉은 물이. 정말 미칠 것 같아요. 배관공을 불렀는데도 배관이 노후화되어 어쩔 수 없대요."

수도꼭지를 틀자, 검붉은 물이 졸졸 흘러나왔다. 끈적한 피처럼. 이건 단순한 배관 노후화가 아닌 듯했다.

나는 며칠 동안 아파트 각 호실을 돌아다니며 물의 상태를 조사했다. 세대마다 정도는 달랐지만, 모든 세대에서 녹물이 나오고 있었다.

관리소로 향했다. 주민들의 항의에 지친 눈들이 나를 맞았다.

"도무지 이유를 알 수가 없어요. 그전에는 멀쩡하다가 두 달 전부터 갑자기 이러네요."

갑자기 녹물이 나온다면 더더욱 정상적인 배관 노후화가 아니다. 나는 관리소장의 동의를 얻어 아파트의 수도 배관을 살펴보았다. 녹물이 나오는 이유를 바로 알 수 있었다. **구리관**과 **철관**이 절연 부위로 나뉘지 않고 바로 접합되어 있었다.

배관 사이에 있어야 할
절연체가 사라졌다!
이걸 없앨 수 있는 사람은?

관리소장에게 지난 6개월간의 아파트 수리 요청 목록을 보여 달라고 하였다. 살펴보니 모든 배관 수리를 단 한 사람이 진행하고 있었다. 공사를 진행한 배관공 박 씨를 곧 만날 수 있었다. 그의 눈동자는 갈피를 못 잡고 있었다.

"왜 그랬어요?"

"무슨 말씀인지 모르겠네요. 제가 녹물을 나오게 했다고요? 증거가 있어요?"

내 연락을 받자마자 경찰이 와서 그를 연행해 갔다.

박 씨는 아파트 배관 문제로 잦은 호출을 받았다. 오래된 아파트라

82

서 수도 배관 이음매가 느슨해지고 물이 새는 것은 피할 수가 없었다. 그는 늘 땀투성이가 되어 천장을 뜯고, 물을 막고, 낡은 배관을 수리했지만, 주민들은 고마워하기는커녕 매번 불만을 쏟아 냈다.

"좀 제대로 하세요. 왜 자꾸 물이 새는 거야? 능력이 없으면 그만둬야 하지 않나?"

사람들의 모욕적인 말들은 녹처럼 그의 마음에 쌓여 갔다. 그는 마음에 쌓인 녹을 사람들에게 옮겨 주기로 마음먹었다.

늦은 밤 아파트 지하실로 숨어든 그는 철관과 구리관 사이의 절연체를 제거하고, 철관과 구리관을 직접 연결시켜 버렸다. 번뜩이는 박 씨의 눈은 묘한 기쁨을 담고 있었다.

'이제 썩은 철이 주민들의 몸을 썩게 만들 것이다. 받은 만큼 돌려주는 것일 뿐이다.'

박 씨가 구속되고 나서 아파트는 전면적인 대공사에 들어갔고 모든 배관은 새로 교체되었다.

물은 다시 맑아졌다. 그러나 아파트 주민들의 마음에는 물을 틀 때마다 붉은 물이 나오지 않을까 하는 걱정이 남았다.

수도꼭지에선 맑은 물이 흘러나왔지만 그 물속에는 아직도 녹의 맛이 남아 있는 것 같았다. 배관공 박 씨가 남긴 마음의 녹물이었다.

🔍 과학 추리 수업

구리관과 철관을 이어 붙이면 왜 녹이 생기는가?

철(Fe)은 구리보다 활성이 크고 전자(e⁻)를 잃어버리는 성질이 더 크지요. 서로 다른 성질의 구리와 철을 이어 붙이고 물속에 넣으면 하나의 전지(배터리)가 완성됩니다.

철에서는 다음 반응이 일어납니다.

$$Fe \rightarrow Fe^{2+} + 2e^-$$

구리에 들어온 전자는 물(H_2O)과 산소(O_2)를 수산화기(OH^-)로 만드는데 쓰입니다. 구리는 변하지 않습니다.

$$2H_2O + O_2 + 4e^- \rightarrow 4OH^-$$

이제 철 이온 Fe^{2+}는 OH^-를 만나서 수산화철인 $Fe(OH)_2$를 만듭니다. 이 $Fe(OH)_2$는 산소와 물을 만나서 산화되어 $Fe(OH)_3$로 변하지요.

$$4Fe(OH)_2 + O_2 + 2H_2O \rightarrow 4Fe(OH)_3$$

마지막으로 이 $Fe(OH)_3$는 탈수 과정을 거쳐 산화철, 즉 Fe_2O_3라는 붉은 녹으로 변합니다.

$$4Fe(OH)_3 \rightarrow 2Fe_2O_3 + 6H_2O$$

주물로 만든 프라이팬과 놋그릇을 설거지통에 같이 쌓아 두는 것은 (현명한, 어리석은) 행동이다.

사건 파일 15

오디션

🔍 Hint #용해 #삼투압

✒️ 화학 탐정 일지

오디션 당일, 배우 윤서아는 거울 속의 자신을 오랫동안 바라보았다. 초조한 심정은 블러셔와 붉은 립스틱, 길게 그려진 아이라인 뒤에 완벽히 숨겨졌다.

"드디어 오늘이야."

그녀는 스스로에게 조용히 다짐했다. 이 기회를 절대 놓치지 않겠다고. 어떤 방법을 써서라도 말이다.

그녀는 2개의 주스 병을 들고 집을 나섰다. 자신이 마실 병에 표시를 해 두는 것은 당연한 일이었다. 그녀가 떠난 부엌 식탁 위에는, **흰 가루**가 담겨 있던 약병이 조용히 놓여 있었다.

"언니, 너무 떨려요."

박수지는 언제나처럼 빛이 났다. 윤서아가 가지지 못한 밝음과 젊음, 그 모든 것을 가진 여자. 그녀를 볼 때마다 윤서아는 마음속 깊은 곳에서 치밀어 오르는 질투와 욕지기를 간신히 억눌러야 했다. 그러나 윤서아의 입에서 나온 말은 더없이 상냥하고 달콤했다.

"어머, 무슨 말을 그렇게 하니? 넌 잘 해낼 거야. 나 봐. 떨려서 계속 마실 것을 찾잖아. 어? 이 음료수 뭐지? 이거 좋다."

박수지는 윤서아가 마신 것과 같은 음료수 병을 집어 들었다. 그것을 본 윤서아는 자연스럽게 돌아서며 천천히 입꼬리를 올렸다.

'미안. 하지만 이 배역은 내가 따내야겠어.'

오디션 직전, 박수지는 갑작스러운 복통에 휘청이며 화장실로 달려갔다. 극심한 고통에 신음하던 그녀는 끝내 대기실로 돌아오지 못했다. 잠시 후, 앰뷸런스가 도착해 쓰러진 그녀를 병원으로 실어 갔다.

며칠 뒤, 간신히 정신을 차린 박수지에게 담당 의사가 말했다.

"**급성 신부전**입니다. 조금만 늦었거나 상태가 더 악화되었으면 심장이 멈출 뻔했어요. 혹시 평소에 안 먹던 음식을 먹은 적이 있나요?"

박수지는 그 순간, 대기실에서 마신 주스가 떠올랐다. 한 번도 마신 적이 없었던, 윤서아를 따라 생각 없이 마신 주스. 그리고 자신이 병원에 오게 되어 누가 가장 큰 이득을 보았을지를 생각해 보니 모든 것이 명백해졌다. 분노가 차올랐다.

박수지의 전화를 받고 사건의 정황을 파악한 나는 곧바로 윤서아에게 연락했고, 허락을 받아 그녀의 집에 찾아갔다.

"배역을 그토록 절실히 따내고 싶었나 보군요? 상대가 설사하게 만들어서라도 말이죠."

윤서아는 단번에 얼굴을 굳히며 차갑게 쏘아붙였다.

"무슨 말씀을 그렇게 하세요? 저는 박수지 씨의 배탈과 아무 상관이 없어요. 이런 근거 없는 음해를 계속하시면 명예 훼손으로 고소하겠습니다."

나는 그녀의 집 부엌 찬장에 무심히 놓인 약병을 바라보며 말을 이었다.

"박수지 씨는 최근 만성적인 두통 때문에 진통제를 복용하느라 신장 기능이 많이 약해져 있었죠. 그런 상태에서 누군가 **마그네슘** 성분을 다량 섭취하게 했고, 그 결과 박수지 씨는 죽음에 발을 걸쳤다가 간신히 돌아왔죠."

순간 윤서아의 호흡이 잠깐 멈추었다. 내 귀는 그걸 놓치지 않았다. 그러나 윤서아는 끝까지 부인했다.

영화 촬영은 오디션에서 일어난 사고를 뒤로하고 예정대로 진행되었고, 윤서아는 주연으로서 영화를 성공으로 이끌었다. 대중은 윤서아의 빼어난 연기와 아름다움을 칭송하며 그녀에게 축하를 보냈다.

그러나 윤서아는 밤마다 침대 위에 웅크리고 누워 떨고 있다. 자신이 누군가를 죽일 뻔했다는 생각이, 마그네슘이 만드는 삼투압처럼 그녀의 영혼에서 생기를 조금씩 빼내고 있다.

🔍 과학 추리 수업

윤서아가 박수지에게 먹인 마그네슘은 무슨 일을 했나?

황산마그네슘이 물에 녹으면 마그네슘 양이온(Mg^{2+})과 황산 음이온(SO_4^{2-})이 생깁니다. 이것을 다량 복용하게 되면 내장 내의 이온 농도가 매우 높아지는데, 삼투압의 원리에 따라 이온 농도가 낮은 쪽에서 높은 쪽으로 물이 옮겨 가지요. 즉 몸에서 빠져나온 물이 대장 내에 가득 차서 변의 부피가 커지고, 대장 운동이 활발해져서 결국 설사를 하게 되는 것입니다.

삼투 현상이란 무엇인가?

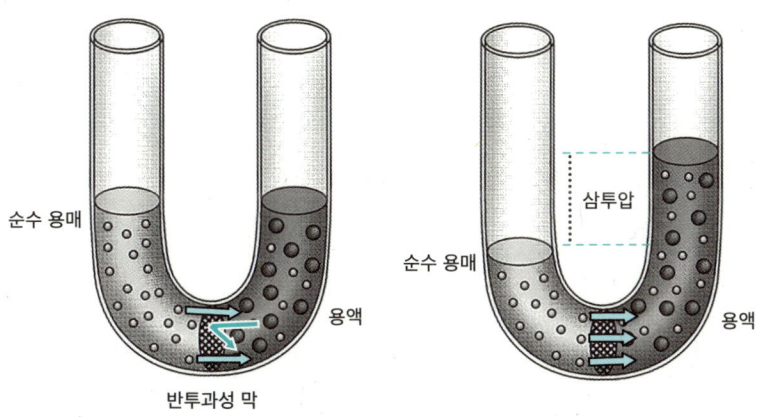

반투막을 통해 농도가 낮은 곳에서 높은 곳으로 물이 이동하는 모습

반투막은 아주 작은 구멍을 가진 막으로, 물과 같은 작은 분자는 이

막을 쉽게 통과하지만 물 분자가 강하게 둘러싸고 있는 양이온이나 음이온은 통과하지 못합니다. 농도가 서로 다른 두 용액 사이를 반투막이라는 아주 작은 구멍을 가진 막으로 갈라놓으면, 두 용액의 농도 차이를 줄이기 위해서 물이 묽은 용액에서 진한 용액 쪽으로 이동하게 되지요. 이 현상을 **삼투 현상**이라고 부릅니다.

그림에서 보면 오른쪽의 물기둥이 더 높지요? 두 용액에 높이 차이가 생기면 높아진 물기둥은 중력에 의해 아래로 누르는 힘을 갖게 됩니다. 이 힘이 물이 들어오려는 힘과 평형을 이루어 더 이상 물이 이동하지 않게 되었을 때, 물이 들어오지 못하도록 반대편에서 누르는 이 압력의 크기가 바로 '삼투압'의 크기입니다.

한편 체내에 마그네슘이 과도하게 축적되면 심각한 마그네슘 과다증을 유발합니다. 박수지의 경우 진통제를 먹으면서 신장 기능이 많이 저하되어 있어서 마그네슘을 잘 배출하지 못했기 때문에 마그네슘 과다증이 생긴 것이지요.

마그네슘 과다증은 극심한 구토나 설사 외에도 근육 약화, 저혈압, 심장 기능 저하, 부정맥을 유발합니다. 심한 경우 심정지(심장이 멈추는 것), 즉 사망에 이를 수 있지요.

과학 퀴즈

소화가 되지 않는 당알코올을 많이 섭취하면 설사가 나오는 이유는 삼투 현상 (때문이다, 때문이 아니다).

극한 생존

🔍 **Hint** #고분자의 성질

✏️ 화학 탐정 일지

유튜버 제이는 '오지 생존'이라는 콘셉트로 폭발적인 인기를 얻고 있었다. 대부분은 연출된 영상이었지만, 사람들은 그의 능청스러운 연기와 현장감 넘치는 진행에 열광했다.

이번엔 진짜 같은 영상을 만들고 싶었던 제이는 같은 스튜디오 소속의 김호석과 함께 산으로 향했다.

"여기 어때요? 절벽 밑에 계곡이 있는데, 계곡물도 맑고 사람 그림자도 없어요."

호석의 목소리는 평소보다 낮았다. 제이는 헬멧에 **액션캠**(action cam, 헬멧이나 팔 등에 붙여서 영상을 찍는 캠코더)을 달고, 와이어를 걸었다. 절벽 중간의 바위 턱에 선 제이는 위쪽의 호석을 향해 외쳤다.

"여기에 카메라를 설치하면 딱이야! 아주 좋아. 이제 올라간다. 줄

제대로 잡아!"

절벽을 기어오르던 중, 갑자기 줄이 팽팽함을 잃고 느슨해졌다. 순간 하늘이 뒤집히는 듯했고, 곧이어 강한 충격과 함께 제이는 의식을 잃었다.

정신을 차려 보니 제이는 개천가에 누워 있었다. 휴대전화는 보이지 않았지만, 다행히 액션캠은 그대로 헬멧에 붙어 있었다. 절벽 위를 아무리 훑어보아도 호석은 보이지 않았다. 산속의 어둠은 빠르게 덮쳐 왔고, 몸은 사시나무 떨듯 떨리기 시작했다.

"불을 피워야 해."

배낭을 뒤져 서바이벌 키트로 간신히 불을 피우고 젖은 몸을 말리고 나자, 갑자기 미친 듯한 갈증이 몰려왔다. 계곡물에 손을 대려던 순간, '배탈이 나면 생존 가능성이 극도로 낮아진다'는 사실이 머리를 스쳤다. 어떻게 해야 할까? 고민하던 차에, 배낭이 눈에 들어왔다. 배낭 속에는 에너지바 몇 개와 그것을 담아 온 얇은 **비닐봉지**가 있었다. 제이는 외쳤다.

"이제 살 수 있어!"

제이는 비닐봉지에 물을 담았다. 그리고 이를 나무 막대에 걸어 모닥불 위에서 일정 거리를 두고 데우기 시작했다. 그의 생각대로, 비닐봉지는 타지 않고 물이 끓기 시작했다.

끓인 물과 에너지바로 갈증과 허기를 채우고, 모닥불의 온기로 밤을 버텨 냈다. 날이 밝자, 제이는 계곡을 따라 하류로 내려가기 시작했다.

발은 부었고, 허벅지는 찢어질 듯 아팠지만 그는 멈추지 않았다. 험난한 산세 탓에 인가가 나오기까지 꼬박 하루가 걸렸다. 119에 신고를 요청하자마자, 제이는 그대로 쓰러졌다.

제이의 연락을 받고 곧장 병원으로 달려갔다. 제이와 나는 촬영 콘텐츠 자문으로 스승과 제자의 연을 맺은 사이였다. 제이는 고개를 숙이고 병상 끝에 앉아 있었다.

"호석이가 줄을 끊은 것이 분명해요."

고개를 드는 그의 눈에는 분노가 차 있었다.

며칠 뒤, 그는 유튜브에 새 영상을 올렸다. 제이는 화면 속에서 차분하게 말했다.

"제가 어떻게 살아남았는지 보시죠."

영상에는 액션캠이 포착한 모든 것이 있었다. 그 어떤 보정도 연출도 없는 있는 그대로의 진실이 담겨 있었다. 마지막에 그는 천천히 고개를 들었다.

"제가 왜 떨어졌을까요? 그리고, 구조대는 왜 밤이 되어도 오지 않았을까요?"

조회 수는 폭발했다. 자극적인 제목을 단 뉴스들이 쏟아졌다.

[특종] 친구에게 배신당한 인기 유튜버의 기적 같은 생존!

경찰은 즉시 조사에 착수했다. 영상의 메타데이터에는 GPS 좌표와 촬영 시간이 상세히 남아 있었다. 그 위치와 시간은 김호석의 휴대전화 이동 경로와 완벽하게 일치했다. 결정적으로, 김호석은 제이가 추락하고 무려 5시간이나 지난 후에야 119에 신고했다. 또한, 김호석의 은행 잔고에는 제이가 거액을 송금한 기록이 남아 있었다.

며칠 후, 김호석은 구속되었다.

"한순간의 충동이었습니다. 제이에게 빌린 돈을 도저히 갚을 능력이 안 되었습니다."

그는 조사실에서 고개를 떨군 채 나지막이 말했다. 조사실의 창백한 불빛이 그의 움츠린 몸을 비추고 있었다.

🔍 과학 추리 수업

유튜버 제이가 비닐봉지로 물을 끓일 수 있었던 이유는?

우리가 흔히 비닐봉지라고 부르는 것은 실은 저밀도 폴리에틸렌 고분자(low density polyethylene, LDPE)입니다. 에틸렌 분자를 1,000~3,000기압의 높은 압력과 200~300℃의 높은 온도에서 중합하면 만들어지는데, 그물과 같은 구조를 가지지요.

LDPE 그물 구조

에틸렌 분자

중합되는 과정. X는 라디칼 형태의 개시제(연쇄 반응을 시작하기 위해 반응계에 도입하는 물질)

LDPE는 일반적으로 105~115℃ 정도의 녹는점을 가지는데 물의 끓는 점인 100℃보다 높습니다. 물을 끓이기 위해 열을 가하면, 봉지의 표면은 가열되지만 봉지 안의 물은 그 열을 지속적으로 흡수합니다. 물이 끓을 때의 온도는 100℃로 계속 유지되므로 봉지가 녹지 않는 것이지요.

단 불꽃이 직접 봉지에 닿으면 물이 충분히 빠르게 열을 흡수할 수 없어서 그 부분의 온도가 녹는점을 넘어 버려 봉지가 터질 수 있다는 것을 유의해야 합니다.

제이는 이런 내용을 아주 잘 알고 있던 훌륭한 화학자임에 분명합니다.

과학 퀴즈

유튜버 제이와 같은 상황에서 비닐봉지가 없다면, 물을 끓일 수 있는 다른 방법은?

힌트: 불과 돌.

분노의 폭발

🔍 Hint #발열 반응

🖊 화학 탐정 일지

　내가 국과수(국립과학수사연구원) 요원으로 활동할 때의 이야기다. 사람들의 마음속에 있는 욕심에 대해 다시 한번 느낀 계기가 되었지.

　벤처 기업 메디노바는 전 세계 시장 판도를 바꾸는 '차세대 암 진단 키트' 기술로 코스닥 상장에 성공했다. 하지만 기술 특허에는 대표 김민규의 이름만 있었고, 실제 핵심 기술을 개발한 손수현의 이름은 없었다. 기술 개발 막바지에 손수현은 연구 개발에서 배제되었고, 그 자리에 대표의 동생이 끼어 들어갔다. 손수현의 마음은 분노로 들끓었지만, 아무것도 할 수 없었다.

　결국 손수현에게는 아무것도 주어지지 않았다. 조금의 지분도, 조금의 성과 보상금도 없었다. 손수현은 회사를 떠나기로 했다. 이곳에서 젊음을 더 이상 낭비할 수는 없었으니까. 하지만 떠나기 전에 회사에 자신의 마음을 담은 작은 선물을 주기로 했다.

연구실을 둘러보던 손수현의 눈에 구석에 놓인 **실험 폐기물 보관통**이 보였다. 실험실 선반에는 투명한 액체가 담긴 흰 플라스틱 병이 놓여 있었다. 그의 눈이 반짝였다.

금요일 저녁, 직원들이 모두 퇴근하고 나서 손수현은 흰 플라스틱 병의 액체를 폐기물 보관통에 부었다. 마개를 느슨하게 잠그는 것도, 흰 플라스틱 병을 백팩에 넣어 나오는 것도 잊지 않았다. 백팩의 한편에는 손수현이 개발하던 모든 데이터를 담은 작은 USB가 조용히 놓여 있었다.

손수현은 마지막으로 다시 한번 사무실을 돌아보았다. 그러고는 어깨를 펴고 또각또각 발소리를 내며 걸어갔다. 그의 조용한 퇴사는 그 다음 주 월요일에 직원들에게 작은 충격을 주었지만, 금세 바쁜 일상 속에 잊혔다.

며칠 후, 새로 채용된 연구원의 눈에 심하게 부풀어 있는 폐기물 보관통이 들어왔다.

"이게 왜 이렇지?"

연구원이 마개를 여는 순간 폐기물 보관통은 폭발했고, 연구원은 심한 화상을 입었다.

'시약 보관 부주의에 의한 사고'가 경찰과 소방 당국이 초동 수사를 하고 나서 내린 결론이었다. 차기 핵심 기술 자료가 폭발로 소실된 것으로 보인다는 소문이 증권가에 돌자 메디노바의 주가는 폭락하기 시작했다.

하지만 내 눈에는 이 모든 것이 석연치 않았다. 반쯤 녹아 내린 폐기물 보관통에는 '**염기성** 물질 보관 중'이라고 표시가 되어 있었다. 이것은 절대로 저절로 폭발하지 않는다. 누군가 무엇을 실수로 또는 고의로 첨가하기 전에는 말이다.

흥미롭게도 실험실 물품 리스트에 있는 **고농도 과산화수소**가 실험실에 남아 있지 않았다. 만약 누군가가 과산화수소를 염기성 폐기물에 투입하였다면? 그렇다면 이것은 명백한 고의에 의한 범죄였다.

특허 기술 개발에 가장 핵심적인 역할을 했으나 아무런 보상을 받지 못한, 그리고 최근에 퇴사한 손수현. 모든 정황 증거는 손수현이 범인이라고 외치고 있었다.

나는 대학교 연구원 신분으로 돌아간 손수현을 찾아갔다. 그는 흰 실험복이 잘 어울렸다.

"완벽한 복수였겠죠. 김민규는 완전히 파멸했으니 말이죠."

손수현은 내 말에 의아하다는 듯 고개를 옆으로 기울였다.

"하지만 당신의 복수는 빗나갔어요."

그에게 화상을 입은 연구원의 사진을 보여 주었다. 굳어진 손수현을 보며 난 돌아섰다. 한참을 걸어가다 뒤를 돌아보았을 때도, 그는 그 자리에 돌처럼 굳어 있었다.

🔍 과학 추리 수업

폐기물 보관통은 왜 폭발했나?

과산화수소(H_2O_2)는 철과 같은 촉매 금속이 존재하거나 알칼리성(염기성) 조건에서 빠르게 물(H_2O)과 산소(O_2)로 분해되지요. 이 반응은 발열 반응으로 많은 양의 열이 발생합니다.

$$2H_2O_2 \rightarrow 2H_2O + O_2$$

폐기물 보관통에는 염기성 물질이 들어 있었으므로 과산화수소는 빠르게 물과 산소로 분해되며 열을 발생시켰을 겁니다. 뜨거운 통에는 많은 양의 산소 기체가 들어 있었는데 마개를 열자마자 기체가 밖으로 뿜어져 나오면서 연구원이 화상을 입은 것이지요.

한편 2020년 한 공장에서 과산화수소가 들어 있는 탱크로리에 실수로 수산화나트륨을 첨가하였다가 큰 폭발이 일어나 사망 사고가 벌어진 적이 있습니다. 아주 많은 양의 산소가 한번에 발생하여 생긴 폭발이지요. 화합물을 무분별하게 섞는 것이 얼마나 위험한지 경각심을 일깨우는 사건이었습니다.

과학 퀴즈

과산화수소를 배수구 클리너와 (섞어도 된다, 섞으면 안 된다).
힌트: 배수구 클리너의 성분.

가마우지

🔍 Hint #산화/환원

🖊 화학 탐정 일지

깊은 밤, 종합 병원 응급실 문이 요란하게 열렸다. 유명 배우 정유나가 들것에 실려 들어왔다. 그녀의 눈 주변엔 시퍼런 멍이 번져 있었고, 머리카락 사이로 피와 부종이 뒤엉켜 있었다. 의사들은 신속히 움직였고, 곧 그녀는 MRI실로 옮겨졌다.

간호사 김민희는 정유나의 매니저 박준태의 태도에 심한 불쾌감을 느꼈다. 이 긴급한 상황에도 박준태는 정유나가 다이어트 중에 쓰러져 계단에서 굴렀다고 대수롭지 않게 말했기 때문이다. 그리고 의료진에게 공격적인 눈길을 보내면서 정유나의 옆자리를 그림자처럼 지키고 있었다.

의식이 돌아온 이후에도 정유나는 의료진의 질문에 답을 하지 못했다. 질문을 받을 때마다 박준태를 보았고 모든 대답은 박준태가 했다.

김민희의 눈에는 모든 것이 보였다. 정신적인 지배와 착취라는 수렁에 정유나가 깊게 빠져 있다는 것이. 정유나를 구해야 했다. 하지만 그러기 위해서는 정유나와의 소통이 필요했다. 어떻게 해야 할까?

김민희의 눈에 갈색 소독액, **포비돈 아이오딘**(요오드)이 들어왔다. 그 순간 김민희는 과거 내 화학 강연에서 들었던 정보를 떠올렸다고 했다. 그녀는 곧장 정유나를 구할 **알약**이 있는 병원 내 약국으로 뛰어갔다. 곧 알약을 물에 녹여 투명한 용액을 만들 수 있었다.

김민희는 박준태가 접수 문제로 잠깐 자리를 비운 틈을 놓치지 않았다. 그녀는 아직 말을 못 하는 정유나의 귀에 빠르게 속삭였다.

"팔에 글을 쓸 테니 동의하면 눈을 빠르게 깜박이세요."

그때 다시 돌아오는 박준태의 구두 소리가 들렸다. 김민희는 재빨리 자세를 바로 하고 말했다.

"자, 소독할게요. 조금 따가울 수 있어요."

그러고는 박준태를 등지고 앉아서 아이오딘으로 정유나의 팔뚝에 다음과 같이 썼다.

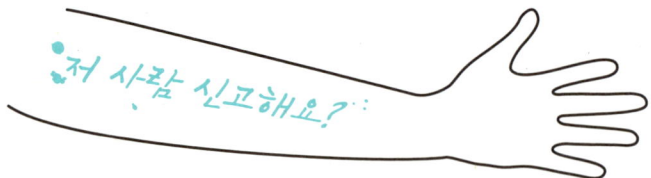

정유나의 눈이 그것을 담는 순간, 김민희는 아까 만든 투명한 액체를 적신 솜으로 아이오딘 위를 바로 닦아 냈다. 글씨는 순식간에 지워

졌다. 정유나의 눈이 빠르게 깜박였다. 그녀의 눈에는 절박함이 담겨 있었다. 김민희는 바로 일어서서 병실 밖으로 나갔다. "도와주세요." 전화를 하는 그녀의 목소리는 다급했다.

내가 경찰들과 함께 병원에 도착했을 때 박준태는 의료진의 만류에도 정유나의 퇴원 수속을 서두르고 있었다. 그는 현행범으로 바로 체포되었다. 박준태의 휴대폰과 집 컴퓨터에는 정유나의 과거 성형 전 사진이 담겨 있었다. 그뿐만이 아니라 눈에 멍이 든 정유나가 이젠 제발 놓아 달라고 애원하는 모습을 찍은 동영상도 나왔다. 정유나가 방송 활동을 하며 벌어들인 모든 수익이 박준태의 통장으로 들어간 정황도 함께. 정유나는 박준태에게 돈을 벌어 주는 가마우지였다. 절대로 놓치면 안 되는 가마우지.

고기잡이에 길들여진 가마우지 (© FOTO:FORTEPAN / Kina | Wiki Commons)

🔖 가마우지 낚시: 가마우지의 목에 줄을 묶어서 물고기 사냥을 시키면 목에 단단히 묶인 줄 때문에 큰 물고기는 삼키지 못하고 어부에게 바치게 됩니다.

그로부터 얼마 후, TV 속에는 밝은 얼굴의 정유나가 서 있었다. 그녀를 보는 김민희의 입꼬리가 조금 올라갔다. 간호사 김민희는 오늘도 병원을 지키고 있다. 눈을 똑바로 뜨고 사람들 내면에 숨은 진실을 지켜보는 중이다.

🔍 과학 추리 수업

간호사가 아이오딘으로 글을 쓰고 지울 때 사용한 액체는?

사건에서 사용된 물질은 비타민 C(ascorbic acid, 아스코르브산)입니다. 물론 비타민 C 말고도 아이오딘의 색을 사라지게 만들 수 있는 물질은 많지만, 병원에서 흔하게 볼 수 있고 누구나 쉽게 구할 수 있는 재료는 비타민 C이지요.

포비돈 아이오딘은 PVP라는 고분자에 I_2(아이오딘) 분자가 붙어 있는 구조를 가지고 있습니다. 이 I_2 분자(갈색)에 전자를 공급하면 아이오딘 음이온인 I^-(무색)로 변하면서 색이 사라지지요.

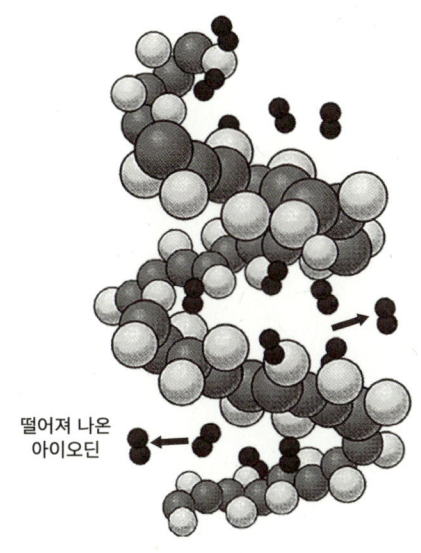

떨어져 나온
아이오딘

포비돈 고분자에 I_2 분자가 붙어 있는 구조

비타민 C는 잘 알려진 **환원제**입니다. 환원제는 다른 분자나 원자를 환원시키는 즉 전자를 주는 역할을 할 수 있습니다. 비타민 C는 분자식 $C_6H_8O_6$으로 나타낼 수 있는데, 비타민 C가 아이오딘과 반응하여 아이오딘 음이온을 만드는 과정의 반응식은 다음과 같습니다.

$$C_6H_8O_6 + I_2 \rightarrow C_6H_6O_6 + 2H^+ + 2I^-$$

I_2의 산화수는 0, I^-의 산화수는 -1입니다. 아이오딘 원자에 전자가 하나 들어가서 아이오딘 음이온을 만들어 내었고, 색이 사라졌지요.

과학 퀴즈

흰옷에 포비돈 아이오딘액이 튀면 어떻게 색을 제거할 수 있을까?

사라진 갈비

🔍 **Hint** #효소의 작용

✏️ 화학 탐정 일지

이덕순 여사는 아들 부부와 한집에 살지만, 식사는 오래전부터 따로 해 왔다. 그녀가 아들 부부의 만류에도 폐지를 주우러 나서는 이유는 단 하나였다. 며느리 박수진의 눈치를 보지 않으면서 살고 싶다는 소망.

어느 날 저녁, 이덕순 여사는 자신의 작은 냉장고 문을 열었다. LA 갈비가 양념에 잘 재워져 있는지 확인할 생각이었다. 그런데 갈비를 재운 플라스틱 통을 열자마자 곧 이상함을 느꼈다. 고기는 거의 남아 있지 않았고 뼈만 보이는 것이 아닌가?

"이게 무슨 일이야? 고기가 다 어디 갔어?"

이덕순 여사의 머릿속은 뒤엉키고 말았다. 그리고 분노가 피어올랐다. 이런 짓을 할 단 한 명의 얼굴이 선명하게 떠올랐다. 늘 우아함을

107

잃지 않는 잘난 며느리. 유복한 집에서 태어나고 자란 며느리가 교육을 잘 못 받고 억척스레 생활한 자기를 늘 무시한다고 이덕순 여사는 느꼈다.

'분명해. 그 못된 계집애가 내 고기를 다 먹었어.'

그날 저녁, 퇴근한 아들 천정호에게 이덕순 여사는 말했다.

"너 그거 아니? 네 잘난 부인이 내 고기를 훔쳐 먹었어. 날 얼마나 무시하는지 네가 알아야 하는데. 도둑질이나 하는 주제에."

천정호는 분노했다. 자신의 어머니는 절대로 이상한 소리를 할 분이 아니었으니까. 하지만 그는 몰랐다. 어머니의 뇌에는 작은 구멍들이 생기고 있다는 것을. 알츠하이머가 그녀의 기억을 지우고 망상을 키우고 있다는 것을, 그는 몰랐다.

"당신. 왜 어머니가 재워 둔 고기를 몰래 가져다 먹었어?"

천정호는 박수진에게 고함을 질렀다. 박수진은 당황해서 말했다.

"여보. 무슨 소리예요? 내가 왜 어머니 고기에 손을 대요? 요즘 어머니 기억 나쁜 거 몰라요?"

천정호는 분노에 차서 말했다.

"어머니가 없는 말 지어서 할 분이야?"

박수진은 잠시 고개를 숙였다. 그리고 다시 든 얼굴에는 차가운 눈동자만 보였다.

"그래요. 그게 당신이 믿고 싶은 것이라면 그렇게 믿어요."

박수진은 방으로 돌아와서 작은 가방에 옷가지를 채우고 집을 나섰다. 그녀가 없는 집은 적막했다. 천정호는 냉장고를 정리하면서 플라스틱 반찬통에 붙은 이상한 메모를 발견했다.

갈비에는
키위를 갈아 넣어야 부드러움

천정호의 이야기를 다 듣고 나서 나는 어떻게 **키위**가 갈비를 녹여 없앨 수 있는지 자세히 설명해 주었다. 천정호는 고개를 들어 천장을 봤다.

"내 무관심이 다 망쳤어. 어머니가 치매에 걸린 것도, 아내가 고통받는 것도 다 내 잘못이었어."

나는 아무 말도 할 수 없었다. 키위가 녹인 것은 고기뿐만이 아니었다. 가족 간의 믿음도 키위가 다 녹여 버렸다.

🔍 과학 추리 수업

키위는 갈비를 어떻게 녹여 버렸나?

키위에는 강력한 단백질 분해 효소인 액티니딘(actinidain)이 들어 있지요. 이 효소는 고기의 조직을 잘게 잘라서 고기를 부드럽게 하는 연육 작용을 하는데 우리 위의 산성 조건에서도 활성이 좋아서 소화제의 성분으로도 팔립니다. 또한 식품 가공 공장이나 식당에서 낮은 품질의 질긴 고기를 부드럽게 만드는 연육제로도 쓰이지요.

키위

이덕순 여사는 키위를 갈아 고기에 재우고 너무 오래 두었던 것입니다. 액티니딘이 고기를 산산조각 내어 버렸지요.

과학 퀴즈

상처에 키위를 갈아서 바르면 상처가 (더 빨리 아문다, 덧난다).

새어 나온 실수

🔍 **Hint** #일산화탄소 #연소

🖊 화학 탐정 일지

전국이 차츰 추워지고 영하권에 접어든 곳도 있다는 뉴스의 일기 예보가 들리는 어느 가을날이었다. 경찰에 다급한 신고 전화가 들어왔다.

"살려 주세요."

미약한 여성의 목소리가 구조를 요청하고 있었다.

안에서 잠긴 문을 열고 들어간 119 구급대원들은 바로 상황을 알 수 있었다. 매캐한 공기, **불완전 연소**의 흔적이었다. 창문은 모두 닫혀 있었고 문틈마다 테이프로 꼼꼼히 막혀 있었다. 난방을 위한 조치로, 시골 마을에서는 흔히 볼 수 있는 광경이었다. 안방에 부부로 추정되는 두 명, 작은 방에 남성 한 명, 그리고 문 앞에 전화기를 든 여성 한 명이 쓰러져 있었다.

가스 검출기에 측정된 **일산화탄소**의 농도는 지나치게 높았다. 의사의 소견도 동일했다. 일산화탄소에 의한 질식 사고였다. 의사는 말했다.

"보일러 연통이 깨졌겠지요. 시골에서는 검사를 잘 안 하잖아요."

사건은 단순 사고로 마무리되는 듯하였다. 하지만 기적적으로 바로 깨어난, 전화기를 든 채 쓰러져 있던 이연주의 의견은 달랐다.

"보일러 검사한 지 얼마 안 돼요. 여름에 정비했을 때 아무 문제도 없었거든요."

이어서 말했다.

"따로 사는 오빠가 의심스러워요. 부모님은 모든 재산을 우리 부부에게 물려주기로 했어요. 우리가 부모님 모시면서 소를 기르잖아요. 반면 오빠는 도박에 빠져 파산 상태고요. 이번 여름에도 오빠가 돈을 빌리러 왔다가 부모님과 크게 다퉜어요."

그녀의 한마디에 일산화탄소 누출 사고는 살인 미수 사건으로 변해 버렸다. 그녀의 말대로 오빠 이동원이 가족을 살해하려는 동기는 충분했다. 경찰은 이동원을 살인 미수 사건의 유력한 용의자로 바로 체포하였다.

그는 극구 부인했다. 아무리 가족이 미워도 그런 짓을 하지는 않는다고 말이다. 제발 다시 자세히 조사해 달라고 울부짖는 그의 눈은 범죄자의 그것과는 달랐다.

조 수사관의 연락을 받은 나는 바로 보일러 연통을 조사하기 시작했다. 보일러실의 바닥은 자욱한 먼지로 덮여 있었고 작은 슬리퍼와 그 자국이 선명하게 보였다. 그리고 연통에는 드릴로 뚫은 듯한 작은 구멍이 나 있었다. 놀랍게도 연통 속에 구겨진 종이 뭉치가 하나 들어 있었다. 모든 것이 완벽하게 불완전 연소를 유도하고 있었다.

며칠 후, 이연주는 살인 미수 혐의의 용의자로 체포되었다. 보일러실의 문과 벽, 그리고 연통 표면에서 그녀의 지문 이외에는 아무것도 발견되지 않았기 때문이다. 그녀는 몰랐다. 연통을 막는 데 사용된 구겨진 종이 뭉치에 그녀의 지문이 뚜렷이 찍혀 있었다는 것을. 보일러의 검정이 만든 지문 말이다. 오빠가 신기에는 슬리퍼가 너무 작다는 것도 계산에 넣지 못했다.

현장에 남은 지문, 너무 작은 슬리퍼 등의 사소한 실수들이, 가족의 재산을 독차지하려던 그녀의 완벽한 밀봉 범죄를 무너뜨렸다. 이연주는 자신도 가스를 마시고 부모님과 남편과 함께 쓰러져서 병원에 실려 갔으니, 피해자로서 용의선상에서 벗어날 수 있다고 자신했을 것이다. 하지만 가족을 중태에 빠트린 일산화탄소처럼, 새어 나온 실수는 그녀를 파괴했다.

범인은 왜 보일러의 연통을 막았나?

도시에서는 도시가스(CH_4)를 난방 목적으로 사용하고 시골에서는 프로판($CH_3CH_2CH_3$) 가스를 사용하지요. 하지만 이해를 쉽게 하기 위해서 도시가스의 연소를 예를 들겠습니다. 도시가스가 산소가 충분히 많은 조건에서 연소를 할 때의 반응식은 다음과 같지요.

$$CH_4 + 2O_2 \rightarrow CO_2 + 2H_2O$$

하지만 산소가 부족한 조건에서는 이산화탄소(CO_2) 대신에 일산화탄소(CO)가 생깁니다.

$$CH_4 + \frac{3}{2}O_2 \rightarrow CO + 2H_2O$$

범인은 산소가 부족한 상황에서 연료가 타도록 해 CO 기체를 만든 것이지요.

일산화탄소 중독은 어떻게 일어나나?

적혈구 속에는 헤모글로빈이라는 단백질이 있는데 이 단백질의 구조를 자세히 들여다보면 사각형으로 생긴 분자 속에 철(Fe)의 이온이 가두어져 있는 것을 볼 수 있지요. 이를 헴(Heme) 그룹이라 합니다. 우리가 숨을 쉬면 허파에서 이 철의 양이온이 산소 분자와 결합하여 혈액을 타고 우리 몸의 세포에 산소를 배달해 줍니다.

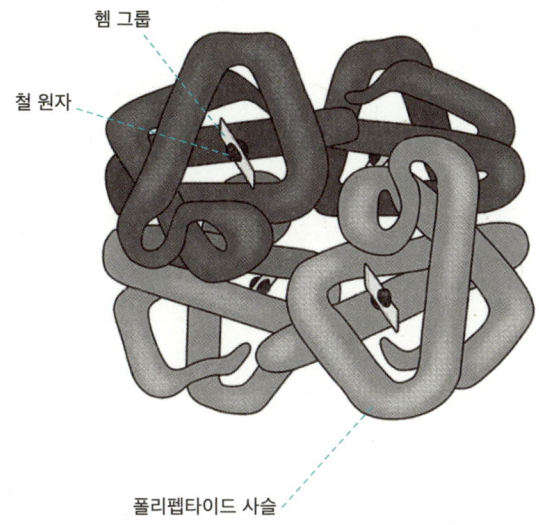

헴 그룹

철 원자

폴리펩타이드 사슬

헤모글로빈 구조

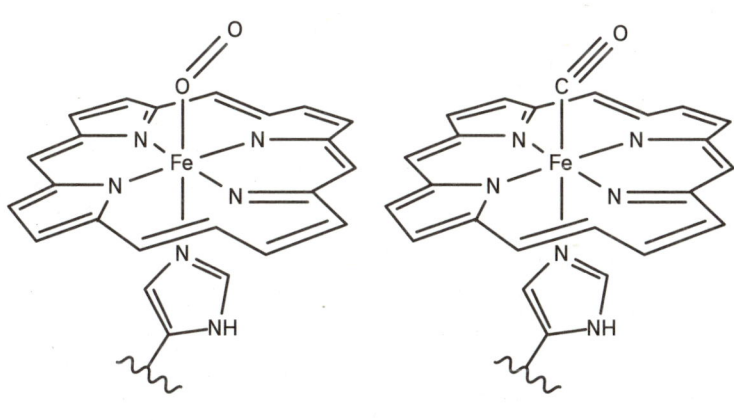

헴 부분에 산소가 붙은 모양

헴 부분에 일산화탄소가 붙은 모양

그런데 철의 양이온이 산소와 결합하는 것보다 일산화탄소와 결합하는 힘이 200배 이상 큽니다. 일산화탄소가 철에 붙게 되면 산소가 와도 결합을 하지 못하기 때문에 우리 몸은 더 이상 산소를 받지 못하게 되어, 심하면 사망에 이르는 것이지요.

유전자의 보복

🔍 Hint #DNA의 구조

🖊 화학 탐정 일지

깊은 밤, 한강은 아주 조용했다. 강변을 찰랑거리며 오르는 파도도 잠을 자는 밤이었다. 그 아이들은 오늘도 보이지 않았다.

까불이, 형아, 투덜이, 범이… 생태학자 현아영 박사가 붙여 준 수달들의 이름이다. 한강 생태계가 살아나면서 멸종에 가까웠던 수달들의 수가 점점 늘어났고 현 박사는 수달들의 DNA를 채취하면서 수달 가계도를 만들었다. 자식과도 같은 아이들이 헤엄치다 멈춰서 빼꼼 고개를 물 밖으로 내밀고 쳐다보는 모습은 그 무엇과도 바꿀 수 없는 기쁨을 주었다. 그런데 그 아이들이 사라지고 있다.

현아영 박사의 전화를 받고 그녀를 만났을 때 그녀는 땅의 한곳을 뚫어져라 쳐다보고 있었다. 그곳에는 핏자국이 떨어져 있었다.

"범이의 핏자국이에요. 범이의 DNA가 나왔어요. 저기에서."

그녀의 눈에서는 눈물이 뚝뚝 떨어지고 있었다.

나는 현아영 박사와 같이 수달의 변을 채취하고, 발견 장소를 지도에 표시하면서 강을 거슬러 올라갔다. 현아영 박사의 날카로운 눈은 수달의 변을 금세 찾아낼 수 있었다. 이상했다. 강 상류에 있는 양식장 주변으로 갈수록 좀 더 최근에 본 수달의 변이 발견되었고 양식장 근처에서는 수달의 변이 갑자기 보이지 않았다.

양식장의 주인인 최 사장은 퉁명스럽게 말했다.

"천연기념물, 천연기념물 그러는데 대체 저런 유해 동물을 왜 안 죽여 버리는지 모르겠다니까? 걸핏하면 양식장 물고기를 훔쳐 먹고."

하지만 나는 그의 말에 집중할 수가 없었다. 그의 옷과 장갑에 묻은 핏자국과 같은 흔적을 보느라.

내 집요한 시선을 눈치챘는지 그는 황급히 손을 감추며 헛기침했다.

그날 밤, 나는 양식장 울타리 바깥쪽을 따라 강둑 주변을 조심스럽게 탐색했다. 양식장에서 강으로 이어지는 배수로 근처, 사람들이 함부로 쓰레기를 버리고 가는 으슥한 풀숲에서 수상한 폐기물 더미를 발견했다.

폐기물 더미의 정체는 바로 최 사장네 양식장 상호가 적힌 사료 포대였다. 포대를 조심스레 들춰 보니 그곳엔 핏자국 묻은 장갑이 버려져 있었다. 그 아래에는 짐승의 털이 잔뜩 끼어 있는 올무와 그물이 함께 쑤셔 박혀 있었다.

양식장 물고기에서는 절대 얻을 수 없는 것들. 장갑 안쪽에 남아 있을 최 사장의 DNA와 올무에 묻은 털이 만나면 빼도 박도 못할 증거가 될 터였다. 나는 그것들을 조심스레 준비한 용기에 담았다. 그리고 조용히 그곳을 빠져나왔다.

양식장 창고에서 찾은

털에 남은 DNA가

사라진 수달들의 것과

일치한다면?

현아영 박사의 실험실에서는 수달들의 분변에서 DNA를 채취하여 **염기 서열 분석** 중이었다. 적어도 열두 마리의 수달에서 나온 분변이었다. 양식장 주변에서 얻은 짐승의 털과 살점 조직에서 채취한 DNA 염기 서열 분석 결과를 기다리며 현아영 박사는 기도했다. 제발 이것이 수달에게서 나온 것이 아니길 말이다.

그러나 그녀의 기도는 통하지 않았다. 범이와 형아, 그리고 투덜이의 DNA 서열과 완벽히 일치했다. 그녀는 무너지고 말았다.

다음 날, 경찰은 양식장에서 최 사장을 체포했다. 그는 거리낌없었다. 마치 해야 할 일을 했다는 듯이 당당했다.

"도둑을 잡아 죽였는데 내가 왜 벌을 받아야 되지?"

두 달의 시간이 흘렀다. 현아영 박사의 희열에 찬 목소리가 전화기를 타고 흘러왔다.

"돌아왔어요. 아이들이 돌아왔어요. 친구들이 죽으니 다들 도망을 가 있었나 봐요."

수달

저녁에 한강을 찾았다. '참방' 작은 소리가 들렸다. 적외선 투시경으로 본 강가에는 수달이 갓 잡은 물고기를 입에 물고 강변을 오르고 있었다.

수달의 변에서 얻은 DNA로 어떻게 수달의 신원을 확인할까?

수달이 변을 볼 때 내장 벽에 있는 세포들이 긁혀서 일부 떨어져 나오는데 그 세포들에는 DNA가 들어 있지요. DNA는 다음 그림에 나타나는 바와 같이 두 가닥으로 이루어져 있고 나선 형태를 이루고 있습니다. 한쪽 가닥의 A 염기는 다른 가닥의 T 염기와, T 염기는 A 염기와, G 염기는 C 염기와, C 염기는 G 염기와 서로 수소 결합을 통해서 강하게 연결되어 있지요. A-T, G-C라는 쌍들이 서로 다른 DNA 가닥 사이에 존재하는 것이 보일 것입니다.

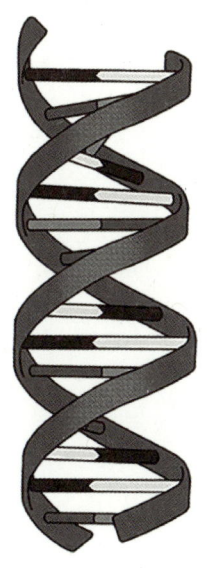

DNA의 이중 나선 구조

DNA의 분자 구조

그런데 얼마 안 되는 세포에서 얻은 몇 가닥의 DNA로는 그 속에 어떤 염기의 서열이 있는지 알아낼 수가 없습니다. 그래서 이 DNA의 수를 증폭하는 것이 필요한데 이때 사용하는 기법이 바로 PCR(Polymerase Chain Reaction, 중합 효소 연쇄 반응)이지요.

먼저 DNA 이중 나선 구조 하나를 높은 온도로 가열하면 염기들 사이의 인력이 끊어져서 서로 분리된 DNA 두 가닥이 생기지요. 이제 온도를 낮추고 DNA 중합 효소를 사용해서 각각 가닥에 수소 결합을 하는 새로운 DNA 가닥을 만들면 이제 2개의 이중 나선 구조가 생깁니다. 이 과정을 반복할 때마다 2배의 이중 나선 구조가 생기므로 몇 번 반복하지 않아도 수천 수만의 DNA 이중 나선 구조를 만들 수 있지요.

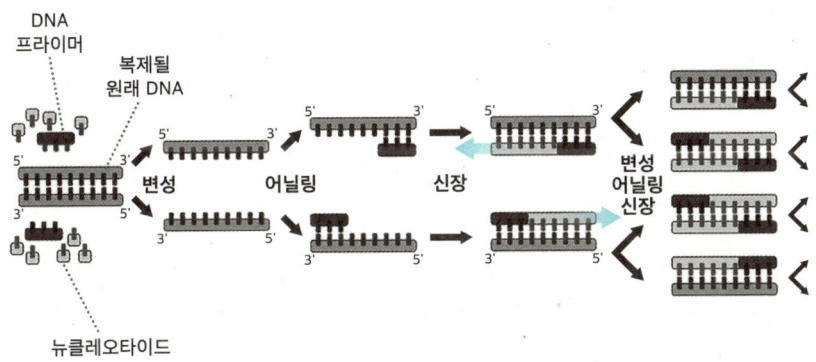

증폭 과정

DNA 프라이머 (DNA primer)	DNA 합성을 시작하기 위해 필요한 짧은 단일 가닥 DNA(또는 RNA) 조각
뉴클레오타이드 (nucleotide)	DNA와 RNA 같은 핵산의 기본 구성 단위체
변성 (denaturation)	고온에서 이중 가닥 DNA를 2개의 단일 가닥으로 분리하는 과정
어닐링 (annealing)	낮은 온도에서 프라이머가 단일 가닥 DNA의 상보적인 부위에 결합하도록 하는 과정
신장 (extension/elongation)	중합 효소가 프라이머를 시작점으로 하여 뉴클레오타이드를 결합시켜 새로운 DNA 가닥을 합성하는 과정

이렇게 많은 수의 DNA를 만든 다음에 DNA 가닥 속에 있는 염기 서열을 미리 채취해 놓은 수달의 DNA 염기 서열과 비교하면 어떤 수달이 눈 똥인지 확인할 수 있지요.

일란성 쌍둥이의 유전자는 (완벽히 같다, 조금 다르다).
힌트: 돌연변이.

건강한 독

🔍 **Hint** #효소의 작용

✏️ 화학 탐정 일지

윤민서와 변수정은 한국 패션 디자인계의 떠오르는 별이다. 둘은 같이 공유하는 것이 많았고 서로 너무 닮았다. 같은 나이, 같은 대학, 같은 꿈.

하지만 별이 가까우면 가까울수록, 한쪽은 다른 쪽의 그림자가 된다.

"쟤 윤민서 친구인데 디자인 잘해."

"부럽다. 윤민서랑 친하면 얼마나 좋을까?"

모두들 변수정의 능력, 그리고 윤민서와의 친분을 부러워했다. 하지만 변수정은 항상 2등에 만족해야 하는 자신이 너무 싫었다. 싫은 자신보다 윤민서는 더 싫었다. 아니 증오했다.

'너만 아니라면….'

변수정의 어두운 심연에서 진하게 농축된 악취를 풍기는 악의 꽃이 피어나고 있었다.

전 세계의 신예 디자이너들이 각축을 벌이는 국제 디자인 대회 '영 니들(Young Needle)' 합숙 훈련이 막바지에 이르렀을 때, 변수정은 한 가지 사실을 알게 되었다. 윤민서의 선천적인 **심장판막 기형**을. 그녀 는 매일 같은 시간에 약을 먹지 않으면 위험했다.

드디어 변수정에게 기회가 찾아왔다. 출국 전날, 합숙을 마칠 즈음 변수정은 윤민서에게 초록색 음료를 건넸다.

"이거 우리 엄마가 만든 건강 음료야. 같이 먹고 힘내자."

윤민서는 변수정을 의심할 이유가 없었다. 고마운 마음으로 초록 음 료를 마셨다.

"으~ 써! 이거 맛이 왜 이래?"

"녹즙이야. 원래 몸에 좋은 것은 쓰지. 난 이거 매일 마셔. 맨날 마셔 서 그런가, 내 입에는 맞아. 히히."

변수정은 진정으로 밝게 웃고 있었다.

집으로 돌아오는 차에서 윤민서의 심장은 박자를 놓쳤다. 윤민서는 갑작스러운 호흡 곤란을 겪으며 쓰러졌다. 응급실의 창백한 형광등 아 래 누워 있는 윤민서의 가슴은 아주 조금씩 오르내리고 있었다. 심장 박동을 나타내는 그래프는 불규칙적인 주기를 보여 주었다.

며칠 뒤, 뉴스에 변수정의 소식이 나왔다.

"떠오르는 신예 디자이너 변수정 씨가 영 니들 대회에서 우승을 차 지했습니다. 이번 대회 우승자 변수정 씨를 만나 보겠습니다. 변수정 씨, 소감을 말씀해 주시죠."

"이제야 저라는 사람을 증명한 것 같아 너무 기쁩니다."

뉴스 속 변수정은 더없이 당당했고 자신만만하게 보였다. 세상의 모든 빛이 그녀를 내리쬐는 듯했다.

그러나 공항에서 변수정을 기다리는 것은 축하 꽃다발이 아니었다. 경찰의 차가운 수갑이었다.

"변수정 씨, 당신을 윤민서 씨 살인 미수 혐의로 체포합니다."

갑자기 그녀의 귀는 왱왱 소리를 내는 듯했고, 세상은 그녀 주위를 빙빙 돌았다.

며칠 전 윤민서가 병원에서 의식을 찾자마자 내게 한 말은 "병을 찾아야 돼요"였다. 그 한마디가 변수정의 모든 것을 뒤집은 것이다.

심장판막 이상을 가진 윤민서는 혈액 응고를 막는 **와파린**을 매일 정량을 복용해야 했다. 내가 합숙장의 모든 쓰레기통을 뒤지면서 기어이 찾아내고야 만, 윤민서가 마신 녹즙 병 속에 남은 녹즙 몇 방울에는 와파린과 상극인 아주 많은 양의 **비타민 K**가 들어 있었다. 일반적인 녹즙에서는 절대로 나올 수 없을 만큼의 양이, 윤민서의 심장을 바로 멈춰 버릴 만큼의 양이 말이다.

결정적으로 변수정은 평소에 녹즙을 마시지도 않았고, 그녀의 온라인 구매 내역에는 고농축 비타민 K 보충제가 있었다. 그녀가 윤민서를 쓰러트리고자 세운 방법은 잘 디자인되어 있었다. 다만 윤민서가 다시 일어날 수 있다는 것은 그녀의 계획에 없었다. 그녀는 다시 윤민서의 별빛에 가려진 어둠이 되었다.

🔍 과학 추리 수업

녹즙은 어떻게 와파린의 작용을 멈췄나?

비타민 K는 간에서 혈액 응고 인자를 활성화시키는 데 필수적입니다. 응고 인자들은 평소에는 활성이 없으나 혈관에 상처가 나면 비타민 K의 도움을 받아 활성 상태로 변하고 혈액을 응고시킵니다. 이 과정에서 비타민 K 에폭사이드 환원 효소가 작용하게 되는데, 와파린은 이 효소에 결합하여 비타민 K가 달라붙는 것을 방해하지요. 비타민 K의 작용을 무력화하여 혈액 응고를 막습니다. 즉 와파린과 비타민 K는 서로 경쟁 관계에 있습니다.

혈액 응고를 막는 용도로 쓰이는 약인 와파린은 매일 정량을 복용하여야 하지요. 그런데 만약 비타민 K가 혈액 속으로 너무 많이 들어오게 되면 소량의 와파린으로는 혈액 응고 인자가 생기는 것을 막을 수가 없습니다.

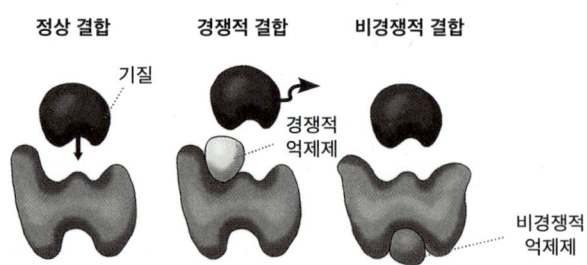

정상 결합   경쟁적 결합   비경쟁적 결합

기질

경쟁적 억제제

비경쟁적 억제제

약이 작용하는 원리

실은 우리가 먹는 대부분의 약은 효소의 작용을 방해하도록 디자인 되어 있지요. 효소의 활성 자리(active site)에서 생체 내의 분자와 그 자리를 차지하기 위해서 경쟁을 하거나, 효소의 옆이나 뒷부분에 결합하여 효소 활성 자리의 형태를 바꾸어 버려서 원래 효소의 기능을 없애 버립니다.

그러므로 신약을 개발하기 위해서는 효소의 활성 자리의 모양을 정확히 알아내어 이 자리에 잘 들어맞는 화합 구조를 만들어 내야 합니다.

과학 퀴즈

속 쓰림을 방지하는 약인 제산제는 (효소의 작용을 방해하며 작용한다, 효소와는 아무 상관 없이 위액의 산성을 중화시킨다).
힌트: 제산제는 염기성.

사건 파일 23

타오르는 흰 가루

🔍 Hint #발열 반응

🖊️ 화학 탐정 일지

차가운 가을비가 내리던 깊은 밤, 마을 이장으로 새로 선출된 정 씨의 돈사 옆 헛간으로 한 그림자가 스며들었다. **흰 가루**가 담긴 자루들이 어둠 속에서 희미하게 빛났다. 검은 후드 티를 눌러쓴 침입자는 자루 위에 건초 더미를 덮고, 준비해 온 생수병의 물을 그 위에 조심스레 뿌렸다. 잠시 후, 희미한 열기가 피어오르자 그는 아무 흔적도 남기지 않은 채 어둠 속으로 사라졌다.

새벽녘, 헛간에서 불길이 치솟았다. 비가 내리는 와중에도 불은 빠르게 번졌고, 돼지들의 울음소리와 함께 지붕이 무너져 내렸다. 정 씨가 달려왔을 때 남은 것은 젖은 잿더미뿐이었다.

"이건 방화입니다. 멀쩡한 헛간에 불이 날 이유가 없어요!"

정 씨는 분노로 떨며 소리쳤다. 소방대원이 조심스레 말을 건넸다.

130

"헛간 지붕에서 샌 빗물이 **생석회**에 떨어졌다면 불이 날 수도 있습니다."

정 씨의 얼굴이 굳었다.

"헛간은 한 달 전에 새로 고쳤어요. 김 씨 짓이 틀림없습니다."

생석회 포대 더미 (© Cjp24 | Wiki Commons)

김 씨는 즉시 용의선상에 올랐다. 며칠 전 마을 회의에서 그는, 정 씨가 돈사 소독용으로 들여온 생석회의 위험성을 거세게 비난한 적이 있었다. 그러나 김 씨의 휴대전화 위치 기록은 화재 추정 시간에 그가 집에 있었다는 것을 보여 주었다. 겉으로는 완벽한 알리바이였다.

경찰은 단순 사고로 종결하려 했지만 나는 포기하지 않았다.

현장을 샅샅이 돌던 중, 돈사 옆 진흙 바닥에 찍힌 발자국이 눈에 들어왔다. 정 씨의 장화보다 훨씬 크고, 깊게 눌린 자국이었다. 나는 사진을 찍고, 특수 보강제를 뿌린 뒤 석고를 부어 본을 떴다. 굳은 석고를 들어 올리자, 선명한 밑창 무늬가 드러났다.

단서 1. 발열 반응의 흔적… 방화? 사고?

단서 2. 생석회의 위험성을 경고했던 김 씨

단서 3. 정 씨의 것보다 훨씬 큰 의문의 발자국

나의 연락을 받은 경찰은 김 씨의 집을 수색했고, 부정할 수 없는 증거를 찾아냈다. 며칠 전 그가 새로 산 등산화의 밑창이 석고 캐스트'의 무늬와 완벽히 일치한 것이다. 김 씨는 결국 고개를 숙였다. 그리고 말했다.

"생석회는 물과 만나면 열이 나요. 불이 붙을 수도 있다고 내가 분명히 말했어요. 그런데 정 씨는 비웃었죠. 무시했어요. 그래서 본때를 보여 주고 싶었습니다."

그의 목소리는 잿빛처럼 식어 있었지만, 고개를 든 그의 눈동자에는 여전히 증오의 불꽃이 일고 있었다.

비가 다시 내리기 시작했다.

🖋 석고 캐스트: 발자국 같은 흔적 위에 석고 반죽을 부어 굳힌 뒤 본을 뜬 것. 현장의 흔적을 보존하고 분석하기 위한 과학 수사 기법입니다.

🔍 과학 추리 수업

생석회 위에 둔 건초에 어떻게 불이 붙었나?

생석회(CaO)는 물(H_2O)과 만나면 염기인 수산화칼슘($Ca(OH)_2$)이 되며 아주 많은 열을 발생시키지요. 전형적인 발열 반응으로 온도가 300℃에 육박할 정도로 치솟을 수 있습니다.

$$CaO + H_2O \rightarrow Ca(OH)_2$$

건초의 경우 150~200℃ 정도에서 자연 발화할 수 있으므로 생석회에 물을 부어서 건초를 태울 수가 있는 것입니다.

생석회는 시멘트를 만드는 데도 쓰이는 아주 유용한 물질이지요. 물질의 유용한 점을 파악하고 인간에게 도움이 되도록 쓸 것인가 아니면 이번 사건처럼 범죄에 쓸 것인가는 전적으로 사람에게 달려 있습니다.

석고로 틀을 뜰 수 있는 원리는 무엇인가?

석고는 $CaSO_4 \cdot 2H_2O$의 조성을 가지고 있는데 이것을 가열하면 물이 일부 빠지고 $CaSO_4 \cdot \frac{3}{2}H_2O$가 생깁니다. 이것을 소석고라고 부르지요. 소석고는 물과 섞으면 열을 내며 빠르게 굳는 성질이 있습니다.

즉 소석고에 물을 넣고 반죽을 만든 뒤 이것을 빈 구멍에 넣게 되면 소석고가 물과 반응하면서 다시 $CaSO_4 \cdot 2H_2O$를 만드는데, 이 석고는 아주 단단하게 결합되어 있습니다. 이것이 석고상을 만들 수 있는 원리이지요.

$$CaSO_4 \cdot \frac{3}{2}H_2O + \frac{1}{2}H_2O \rightarrow CaSO_4 \cdot 2H_2O + 열$$

폼페이 화산 폭발 당시 폼페이에 깔린 화산재를 발굴하면서 화산재 군데군데에 빈 구멍이 있다는 것을 발견하였습니다. 이 구멍 속에 대체 무엇이 있었는지를 알기 위해서 소석고 반죽을 넣고 석고 틀을 떴더니 사람의 모습들이 보였습니다. 화산 폭발 당시 희생된 사람들의 생전 마지막 모습을 이런 방식으로 재현해 낼 수 있었지요.

과학 퀴즈

생석회가 물과 만나서 열을 내는 반응은 (발열 반응, 흡열 반응)이다.

사건 파일 24
방귀 폭탄

🔍 **Hint** #연소와 소화

✏️ 화학 탐정 일지

유튜버 뿡쟁이는 일부러 특이한 행동을 하며 관심받는 것을 즐기는, 모두가 인정하는 '관종'이었다. 우스꽝스러운 그러나 크게 악의는 없는 장난으로 큰 인기를 몰아서 100만 유튜버가 되었다. 그의 꿈은 컸다.

"이제 글로벌로 가야지! 외국인들도 웃을 수 있는 거, 뭔가 미친 거!"

뿡쟁이의 눈은 광기로 번뜩거렸다. 그가 아르바이트를 하겠다고 삼촌의 목장에 나타났을 때, 삼촌은 드디어 조카가 달라진 줄 알았다. 너무 기뻤다.

"삼촌, 저 이제 정신 차렸어요. 뭔가 제대로 해 보려고요."

그 말을 믿은 삼촌은, 며칠 뒤 잿더미가 된 축사 앞에서 그 믿음을 후회했다.

비가 추적추적 내리는 밤이었다. 갑자기 소들이 미친 듯 울어 댔고,

삼촌이 잠옷 바람으로 뛰쳐나갔을 때는 이미 불길이 축사의 건초 더미를 삼켜 버린 뒤였다. 머리카락이 타서 곱슬곱슬 뽀글머리가 된 뽕쟁이가 한 손에 양동이를 들고 불을 끄는 시늉을 하고 있었다. 다른 손에는 카메라를 든 채 말이다.

"삼촌! 제가 껐어요! 내가 큰불을 막은 거예요! 대박 영상 나올 듯!"

지금 상황이 얼마나 심각한 줄도 모르고 윙크를 날리며 해맑게 웃고 있는 조카를 보면서 삼촌은 말없이 하늘을 올려다봤다. 무해한 웃음으로 고혈압 폭발을 유도하는 저 악마 같은 놈을 낳은 누나를 처음으로 원망했다.

뽕쟁이의 영상이 알고리즘을 타고 나를 찾아왔다. 흥미로웠다. 영상 속 그는 타다 남은 머리카락을 뽐내며 허세를 부리고 있었다.

"여러분~ 진짜 죽을 뻔했어요! 그래도 제가 불 껐습니다!"

그런데… 뭔가 이상했다. 머리카락이 그렇게 탔는데 그의 손과 팔에는 화상이 전혀 없었다. 불길이 그렇게 셌다면, 팔이 멀쩡할 리가 없었다. 나는 곧바로 목장 주인에게 전화를 걸었다.

"그 아이 손은 괜찮습니까?"

"손? 멀쩡해요. 팔도 멀쩡해. 그런데 머리는 아주 가관이에요."

삼촌의 목소리엔 한숨이 섞여 있었다. 그 순간, 나는 퍼즐을 맞췄다. 불길은 아래에서 위로 올라왔을 것이다. 그렇다면 소가 발화점이지!

다음 날 나는 직접 목장을 찾았다. 뽕쟁이와 삼촌은 축사의 잔해물을 치우느라 분주했다. 나는 뽕쟁이에게 조용히 물었다.

"라이터로 소 방귀에 불을 붙이려 했지?"

뿡쟁이의 눈이 커졌다. 그는 소리를 낮추며 말했다.

"엥? 그걸 어떻게 아셨어요?"

"네 머리만 타고 손은 멀쩡한 이유가 그거야. 라이터를 소 엉덩이에 대고 있었을 테고, 소가 방귀를 뀌자마자 불은 아래에서 위로 솟았겠지. 불길은 **메탄가스**를 타고 올라가 머리까지 바로 닿았을 거야."

그는 멋쩍게 웃었다.

"하하, 맞아요. 제가 그랬어요. 근데 쉿, 삼촌에겐 비밀입니다."

그때, 뿡쟁이의 등 뒤로 거대한 그림자가 드리워졌다. 분노한 삼촌이 빗자루를 들고 나타난 것. 그 와중에도 뿡쟁이는 카메라를 놓지 않은 채, 쫓아오는 삼촌을 찍으며 필사적으로 도망치기 시작했다.

"삼촌, 죄송해요! 그런데 방금 앵글 대박! 한 번만 더요."

며칠 후, 뿡쟁이의 유튜브에 새 영상이 올라왔다.

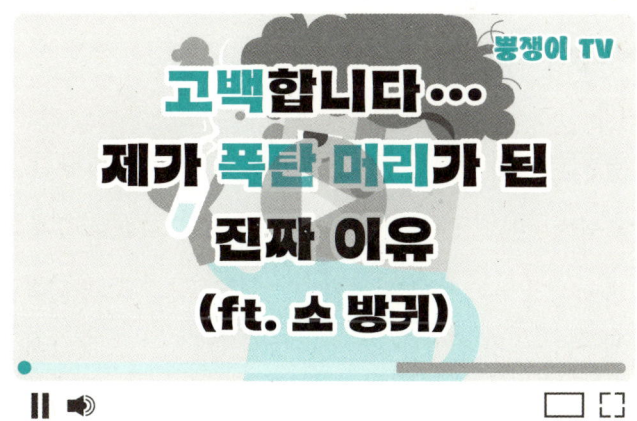

영상의 조회 수는 하루 만에 100만을 넘겼다. 댓글에는 온갖 언어가 다 달려 있었다. 드디어 뽕쟁이는 글로벌 진출에 성공했다. 얼마 후, 그는 내게 전화를 걸어왔다.

"선생님! 조회 수 수익으로 삼촌 축사 새로 지어 드렸어요!"

기가 막혔다. 무슨 말을 해야 할지 말문이 잠시 막혔다.

"그래, 뽕쟁이. 파이팅이다."

🔍 과학 추리 수업

소가 뀌는 방귀에 라이터 불을 대면?

소의 방귀에는 메탄가스(CH_4)가 많이 들어 있지요. 메탄은 무색무취의 가스로, 쉽게 불이 붙는 성질이 있어 에너지원으로도 쓰입니다. 아래의 화학식은 메탄이 산소와 만나 불이 나면서 이산화탄소와 물로 바뀌는 과정을 보여 줍니다.

$$CH_4 + 2O_2 \rightarrow CO_2 + 2H_2O$$

위와 같은 반응이 일어나면 불길이 치솟습니다. CH_4는 도시가스의 성분이라서 가스레인지에서 타는 불이 소 꽁무니에 붙었다고 생각하면 되지요.

송아지

한편 소 꽁무니에 불을 붙이면 동물 학대죄로 처벌을 받을 수도 있을 것입니다. 간혹 자기가 뀌는 방귀에 재미로 불을 붙여 보는 사람도 있지요. 그중 일부는 화상을 입어서 병원 신세도 졌으니 이 글을 읽는 독자는 그런 어리석은 짓은 하지 않기를 바랍니다.

기억하세요.
호기심을 가지는 건 좋지만,
얼마나 위험한지 생각하지 않고
무모하게 행동하는 것은 금물이에요.

과학 퀴즈

프로판가스의 분자량은 44g/mol이다. 만약 소 방귀에서 메탄이 나오지 않고 프로판가스가 나왔더라도 뽕쟁이의 머리가 탔을까? (예, 아니오)
힌트: 사건 파일 10.

시간의 위조범

🔍 **Hint** #방사성 동위원소 비율 #연대 측정

✒ 화학 탐정 일지

박현주 회장은 남들이 가지지 못한 것을 소유하는 데 큰 희열을 느낀다. 그가 고미술품 경매 시장의 큰손이 된 이유이다. 박현주 회장은 자신 앞에 서 있는 사람이 하는 말을 믿을 수가 없었다.

"뭐라고요? 3,000년 전에 만든 파피루스라고요?"

그 사람이 보여 주는 파피루스는 3,000년의 세월을 견뎌 냈다고 보기에는 너무나 젊었다. 글자 한 획의 흐트러짐도 없이 선명했다.

"진위를 검사해 보셔도 좋습니다."

판매상은 아주 당당했다.

파피루스의 진위를 가리기 위해 기초과학지원연구센터에서 **탄소 동위원소 C-14 검사**를 진행했다. 결과는 놀라웠다. 파피루스 섬유와 잉크의 탄소 모두 고대 이집트 시대의 것으로 추정되었다. 박현주 회장은 파피루스를 가지기 위해 거액을 기꺼이 지불했다. 그리고 자신이 소유하게 된 엄청난 보물을 지인들에게 보여 주고 그들의 눈동자에 어린 놀라움과 부러움에 큰 기쁨을 느꼈다.

그러나 파피루스의 진위에 대한 의혹은 사라지지 않고 다시 피어올랐다. 박 회장이 개최한 전시회에 참여한 고고학 전문가들은 하나같이 입을 모아 3,000년의 시간을 견딘 다른 유물들과 박 회장의 소유물은 다르다고 말했다. 의혹은 박 회장을 조금씩 갉아먹기 시작했다.

어느 날 박 회장에게서 전화가 걸려 왔다.

"판매상이 연락이 안 됩니다."

나는 바로 조사에 착수했다. 곧 중요한 사실이 발견되었다. 판매상은 막대한 빚에 시달리고 있었다. 파피루스를 매입할 자금도, 그럴 만한 경력도 없었다. 모든 게 거짓이었다.

박 회장과 나는 다시 기초과학지원연구센터로 향했다. **주사전자현미경**(SEM)을 통해서 본 파피루스 표면은 금세 진실을 토해 냈다.

이 문제의 파피루스에 쓰인 잉크는 파피루스의 겉면에만 존재했다. 3,000년의 시간 동안 잉크는 파피루스 속으로 파고들었어야 했다. 그러나 이 파피루스는 그렇지 못했다. 또한 현미경을 통해서 본 파피루스는 여러 조각을 접착제로 이어 붙인 것이었다. 진짜로 완벽한 가짜를 만들어 낸 것이다.

　그렇다. 판매상은 가치가 낮은 고대의 파피루스와 숯을 수집하여 다시 재가공한 뒤 박 회장에게 판매했던 것이다. 방사성 동위원소 C-14 분석을 통과한 이유였다. 3,000년의 시간을 완벽히 속인 작품이 나오게 된 배경이다.

파피루스

　판매상이 마지막으로 목격된 곳은 박 회장에게서 받은 돈을 모두 탕진한 깊은 산속 카지노였다. 시간을 속인 위조범은 그 뒤로는 영원히 볼 수 없었다.

🔍 과학 추리 수업

방사성 동위원소 C-14 분석법이란 무엇인가?

우리가 먹고 사는 모든 것에는 탄소(C) 원자가 들어 있지요. 식물이 공기 중의 이산화탄소를 이용하여 살아가면, 그 식물을 초식 동물이 먹고, 그 초식 동물은 잡식이나 육식 동물이 먹고 삽니다. 그러니 식물이나 동물이나 모두 자신이 살고 있는 시대의 공기 속 탄소를 몸에 저장하는 셈이지요.

탄소에는 원자량이 12인 탄소도 있지만 13, 14인 탄소도 있습니다. 이 중 원자량이 14인 탄소는 방사성 동위원소로서 불안정하여 시간이 지나면 질소 원자로 변하지요. 생명체가 죽으면 더 이상 ^{14}C 탄소를 받아들이지 못합니다. 한편 ^{12}C는 아주 안정하여 그대로 유지되지요.

파피루스는 나무에서 얻은 것입니다. 공기 속의 ^{12}C와 ^{14}C의 비율과 파피루스 유물의 ^{12}C와 ^{14}C의 비율을 비교해 보면 파피루스에서 ^{14}C가 얼마나 사라졌는지를 알 수 있지요.

^{14}C의 양의 절반이 질소로 변하는 데 걸리는 시간이 약 5,730년입니다. 이를 반감기라고 하는데, 유물이 만들어진 지 얼마의 시간이 지났는지를 알아내는 데 아주 유용하게 쓰입니다.

주사전자현미경(SEM)이란?

SEM은 미세한 구조의 특성 분석이 필요한 거의 모든 과학 및 산업 분야에 활용되고 있는데 SEM을 통해 미세 구조를 보는 방법은 다음과 같습니다.

관찰 대상(시편, specimen)의 표면에 아주 얇은 금박을 입히고 SEM에 장착된 전자총으로 전자를 금박에 쏘면 금박에서 자유 전자가 여러 개 튀어나옵니다. 이 튀어나오는 전자의 개수와 방향을 검출기를 이용하여 분석하면 시편의 모양에 대해 알아낼 수 있지요.

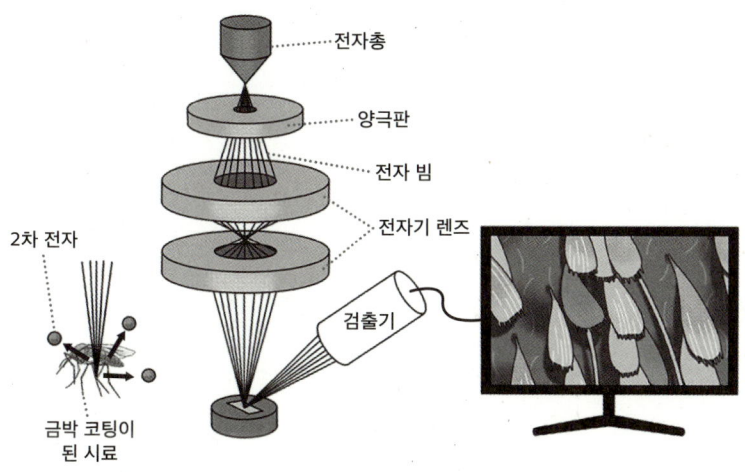

주사전자현미경의 내부 구조와 작동 원리

나무를 잘라서 탁자를 만들고 지금으로부터 11,460년 후에 이 탁자의 탄소 동위원소 ^{14}C의 양을 측정하면 현재 ^{14}C 양에 비해 $(\frac{1}{3}, \frac{1}{4})$이 된다.

✏️ 화학 탐정 일지

　김 씨의 양조장은 작았지만, 그가 개발한 수제 맥주 브랜드는 전국
적인 명성을 얻었다. 오랜 동업자 경수와 아들 지혁과 함께 매일 맥주
공장을 돌아보는 것이 그의 일과였고 기쁨이었다.

　그런데 어느 날부터 양조장에서는 평온함이 사라졌다. 양조장이 자
리한 마을이 신도시 개발지구로 지정되자, 공기의 냄새가 바뀐 것이
다. 돈 냄새였다. 땅값이 오르자 양조장 부지를 팔지 않겠느냐는 개발
업자들의 문의가 줄을 이었고 눈앞에 보이는 일확천금의 기회에 아들
지혁이 흔들리기 시작했다. 양조장을 지키려는 아버지와 팔려는 아들
사이에는 고성이 오갔고 둘의 사이에는 깊은 골이 생겼다. 경수는 그
둘의 모습을 착잡한 심정으로 바라볼 뿐이었다.

　어느 날 새벽, 경수는 왠지 모를 불안감에 양조장으로 향했다. 어두

운 양조장 안, 지혁이 청소용 보조탱크에서 급하게 나오는 모습이 경수의 눈에 잡혔다. 지혁의 눈이 묘하게 흔들리고 있었다. 경수는 숨을 죽였다. 어떤 소리도 내면 안 될 것 같았다.

다음 날, 김 씨는 여느 때처럼 탱크를 청소하려 했다. 산소 농도 측정기가 보이지 않았다.

'또 제자리에 안 놔뒀군.'

김 씨는 고개를 절레절레 저으며 보조탱크 안으로 들어갔다. 잠시 후 그는 어지러움을 느끼기 시작했다. 뭔가 잘못되었음을 느꼈을 때 이미 그의 몸에는 힘이 없었다. 해치 위에서 경수가 고함을 지르는 소리가 들려왔다. 그는 곧 아무것도 느낄 수 없었다.

"사장님이 질식하실 뻔했어요! 이산화탄소 농도가 30%라니, 이게 말이 돼요?"

전화선을 타고 온 경수의 외침에는 강한 두려움과 의혹이 섞여 있었다.

나는 조사에 착수했다. 보조탱크 해치 주변에서 **흰 가루**를 찾았고 탱크 내부 바닥에 있는 **액체**를 수집했다. 흰 가루는 포도당과 터보 이스트(turbo yeast, 초고속 발효 효모)로, 인위적으로 알코올 도수를 높이지 않는 수제 맥주 공장에서는 절대로 볼 수 없는 것들이었다. 탱크 내부 바닥에는 높은 농도의 알코올과 이 높은 농도의 알코올에서도 죽지 않은 효모가 발견되었다. 그리고 지혁의 온라인 구매 목록에 포도당과 터보 이스트가 있었다.

어두운 새벽, 지혁이 무엇을 했는지 명확해졌다.

> • 포도당 + 터보 이스트
> → 대량의 이산화탄소 발생 가능
> • 고농도 알코올과 생존 효모
> → 인위적인 고속 발효의 증거

지혁은 즉시 체포되었다. 처음에는 강하게 부인했지만 증거 앞에 고개를 숙일 수밖에 없었다. 그의 계획은 단순했다. 터보 이스트와 포도당을 이용해 청소용 보조탱크에서 폭발적인 발효를 일으켜, 그 과정에서 생긴 이산화탄소로 아버지를 질식시키려 한 것이다. 아버지가 없다면 땅을 팔 수 있을 테니까.

그러나 그는 터보 이스트가 높은 알코올 농도에도 죽지 않는다는 사실을 몰랐다. 일확천금에 대한 욕심과 효모 발효에 대한 지식의 부족함이 그의 발목을 잡았다. 아버지를 해치려 만든 효모는 탱크 안에서 여전히 살아, 알코올을 만들고 있었다. 끈질긴 생명력으로 죄의 증거를 붙잡고 있었다.

🔍 과학 추리 수업

효모가 포도당을 발효하면 무엇이 만들어지는가?

효모는 산소가 없는 조건에서 포도당($C_6H_{12}O_6$)을 분해하여 알코올(CH_3CH_2OH)과 이산화탄소(CO_2)를 만들어 냅니다. 산소가 있을 때 포도당을 분해하여 이산화탄소와 물을 만드는 반응이 아닌, 에너지는 덜 만들어지지만 산소가 없어도 효모가 에너지를 얻어 낼 수 있는 방법이지요.

$$C_6H_{12}O_6 \rightarrow 2CH_3CH_2OH + 2CO_2 + 에너지^*$$

이산화탄소 농도별 신체 반응

이산화탄소의 농도가 높아지면 신체는 다양한 이상 증상을 보이게 됩니다.

농도	반응
5,000ppm	이 환경에 8시간 이상 머무르지 말 것
2,500ppm	건강에 해로움
1,000ppm	졸음이 옴
700ppm	탁하고 불쾌하게 느껴지는 공기
450ppm	허용 가능한 범위
350ppm	건강하고 일반적인 실내 공기

💧 효모는 생명체가 사용하는 에너지 화폐와 같은 ATP 형태로 이 에너지를 사용합니다.

글에서 이산화탄소의 농도가 30%라고 했는데 이는 ppm으로는 30만 ppm이 되지요. 이 농도에서는 매우 빠른 속도로 사람의 호흡 중추가 마비되어 몇 분 내로 사망에 이르게 됩니다.

효모로 발효한 빵 반죽에는 알코올이 (있다, 없다).

굳어 버린 미소

🔍 Hint #고분자의 성질 #라디칼 반응

🖊 화학 탐정 일지

지영은 은주 집에서 일하는 완벽한 가사 도우미였다. 차분하고 예의 바른 몸가짐, 아이들의 등하교 시간 엄수, 완벽한 청소와 요리 솜씨까지. 그 이상의 훌륭한 가사 도우미는 없었다. 늘 흰 **장갑**을 끼고 있다는 점을 빼고는 말이다. 그녀의 말에 따르면 백반증으로 인한 자국을 가리기 위해서라고 했다. 은주는 지영을 친구로 생각했으며 자신의 많은 부분을 공유하였다.

하지만 지영은 큰 비밀을 숨기고 있었다. 사실 지영은 큰 범죄 조직의 일원이었다. 성공한 벤처 사업가 남편을 둔 은주의 재산은 범죄 조직에게는 군침이 도는 먹잇감이었다. 지영이 완벽한 가사 도우미 역할을 한 것은 은주의 개인적 공간에 드나들기 위한 큰 계획의 일부분일 뿐이었다.

지영의 일과는 은주의 개인 정보를 모으는 것에 집중되어 있었다. 은주, 은주의 남편, 그리고 아이들의 생년월일, 출생지, 주민등록번호까지 낱낱이 다 파악할 수 있었다. 이제 마지막으로 남은 것은 은주의 손가락 지문이었다.

드디어 오랜 계획을 마무리하는 날이 왔다. 은주가 외출을 한 사이, 지영은 은주가 사용하는 커피잔들의 손잡이에 투명한 **고분자막**을 얇게 발랐다. 누가 어느 컵을 쓸지 몰랐기에, 그녀는 여러 개의 손잡이에 손을 뻗었다.

외출에서 돌아온 은주가 뜨거운 커피를 마시고 잔을 내려놓자 지영의 입꼬리는 한쪽으로 길게 올라갔다. 커피잔은 지영의 핸드백 속으로 조용히 사라졌다.

자신의 숙소에서 커피잔에 UV **램프**를 비추어 고분자막을 경화시키는 지영의 눈은 날카롭고 냉철했다. 평소에 그녀가 보이던 온순한 눈빛은 그 어디에도 없었다. 지문 모양의 본을 뜨고, 그 패턴 그대로 실리콘을 복제해 내는 과정은 놀랍도록 기계적이고도 정교했다.

공범에게 건네진 은주의 지문은 곧 은주의 삶을 천천히 파괴하기 시작했다. 은행 계좌가 만들어지고, 핸드폰이 복제되고, 은주의 돈은 조용히 다른 곳으로 흘러갔다. 은주는 아무것도 모르고 있었다.

어느 날 사정이 생겨 더 이상 출근하지 못한다는 문자를 마지막으로 지영은 연락이 끊겼다. 그리고 몇 달 후 은주에게 갑자기 은행에서 거액의 대출금을 갚으라는 연락이 왔다.

은주의 말을 들은 나는 이 사건이 단순한 해킹 사고가 아님을, 고도의 지능 범죄임을 알았다. 은주 집의 비밀번호나 보안 카드 자체가 유출된 흔적은 없으니 범인은 은주 본인만이 통과할 수 있는 생체 인증 시스템을 뚫었다는 것이다. 은주의 사생활을 가장 가까이서 지켜본 인물이자, 몇 달 전 그만둔 가사 도우미 지영이 가장 유력한 용의자로 떠올랐다. 지영은 어떻게 은주의 생체 정보를 빼내었을까? 범인은 반드시 증거를 남기기 마련이다.

증거는 의외로 빨리 발견되었다. 은주가 자주 쓰는 컵들의 손잡이에 일반인은 구할 수 없는 조성의 고분자막이 코팅되어 있었다. 특정 파장의 UV 램프로 비추었을 때 그 존재가 드러나는 고분자막. 지영이 고도의 전문 지식을 가진 범죄자라는 것이 명백해졌다.

그러나 지영도 실수에서 자유롭지 않았다. 고분자막이 코팅된 컵 손잡이 중 하나에 은주나 은주 가족의 것이 아닌 다른 사람의 지문이 선명하게 찍혀 있었으니까. 고분자막을 코팅하는 정교한 작업은 장갑을 끼고는 할 수 없었고 지영은 자신이 장갑을 벗었다는 사실을 잠깐 잊었다. 그 지문을 가진 지영의 진짜 신원을 밝히고 그녀를 체포하는 데는 그리 긴 시간이 걸리지 않았다. 지영이 은주의 지문을 훔쳐 낼 때 지었던 미소는 차가운 수갑 앞에 완전히 사라졌다.

🔍 과학 추리 수업

지영이 지문의 본을 뜨는 데 사용한 고분자는 무엇인가?

단량체(monomer)라고 부르는 작은 분자들을 쭉 이어 붙이면 고분자(polymer)가 만들어집니다.

UV 램프를 사용하여 고분자를 굳히는 것을 보아 이 고분자는 광경화 고분자라는 것을 알 수 있습니다. 광경화 고분자는 빛을 받으면 화학 반응을 일으켜 딱딱하게 변하는 특수한 고분자 물질입니다. 지영은 딱딱하게 굳은 지문 패턴을 이용하여 실리콘으로 사람 지문을 만들어 내는 데 성공했지요.

UV 램프를 이용한 젤 네일

광경화 고분자의 대표적인 예로 젤 네일을 들 수 있습니다. 액체 상태의 단량체와 광개시제(빛을 쬐어 주면 활성화되어 고분자 중합 반응을 시작하는 물질)의 혼합물을 손톱에 바르고 UV 램프를 쬐어 주면 광개시제가 라디칼 상태가 되어 단량체를 공격하지요. 단량체의 끝에 홀전자가 있는 라디칼이 생기는데 이 라디칼은 또 다른 단량체를 공격하고 이 과정은 단량체가 다 사라질 때까지 계속 진행됩니다. 최종적으로 젤이 모두 딱딱한 고체로 바뀌게 되지요.

개시제의 작용으로 단량체 메타크릴레이트가 연결이 되어 고분자 체인을 만드는 과정

과학 퀴즈

UV 램프로 굳힌 젤 네일은 고분자(다, 가 아니다).

❗ 짝짓지 않은 전자(홀전자, unpaired electron)를 가진 원자나 분자를 말합니다.

추위에도 얼지 않는 강

🔍 **Hint** #어는점 강하 #총괄성

✏️ 화학 탐정 일지

초췌한 행색의 초로의 남자가 내 사무실 문을 열고 들어왔다. 그는 최 씨라고 자신을 소개했다. 겨울마다 꽁꽁 언 강에서 낚시를 하는 얼음 축제가 주 수입원 중 하나인 강원도의 북쪽 마을에서 왔다고 했다. 그런데 그는 이맘때면 축제를 준비하느라 분주해야 할 마을이 절망의 기운으로 가득 차 있다고 말했다.

"올해 이렇게 추운데도 강이 예전처럼 단단하게 얼지 않았어요."

그의 입은 거기서 멈추지 않았다. 얼굴을 두 손으로 가리면서 그는 말했다.

"물고기들이 떼죽음을 당했어요. 강변에 물고기들의 사체가 지천으로 널려 있습니다. 대체 무슨 일이 벌어진 건지, 어떻게 해야 할지 모르겠어요."

나는 곧바로 그를 따라 북쪽으로 향했다. 마을 입구에서 우리를 맞은 것은 눈이었다. 밭에도 눈이 쌓여 있었고, 주변의 산도 온통 눈으로 덮여 있었다. 그리고 아주 추웠다. 그런데 이상했다. 도로는 젖어 있고 눈이 전혀 없었다.

"이런 외딴 마을에 제설차가 자주 오지는 않을 텐데 길에 눈이 없네요?"

최 씨는 길가에 줄지어 놓인 하얀 포대 더미를 가리켰다.

"제설차는 안 오죠. 저거 보이세요? 올해 눈이 내리기 전에, 군인들이 와서 두고 갔습니다. 눈이 오면 이걸 뿌리라고 했어요. **소금처럼 보이는 가루**인데 눈에 뿌리면 눈이 금방 녹더군요."

현장 증거

1. 주변 산천은 눈이 쌓여 있는데 도로만 깨끗함
2. 군부대에서 보급한 제설용 하얀 가루 확인

사무실로 돌아와 그 흰 가루를 물에 녹이고, 질산을 몇 방울 떨어뜨린 다음, 질산은을 첨가했다. 흰 침전이 생겼다. 이번에는 흰 가루를 물에 녹이고 옥살산암모늄 용액과 반응시켰다. 다시 흰 침전이 생겼다. 마지막으로, 가루를 불꽃에 넣어 보았다. 불꽃은 순식간에 주황색으로 타올랐다.

흰 가루의 정체는 염화칼슘이었다.

염화칼슘이 뿌려진 눈은 녹으면서 강물로 흘러 들어가 얼음을 얼지 않게 하고, 강물 속 물고기들을 죽였다. 원인을 알게 된 마을 사람들은 군인들 탓을 하며 화를 내기도 하고 허탈한 표정으로 하늘을 보기도 했다.

며칠 후, 최 씨에게서 전화가 왔다. 그의 목소리는 처음 만났을 때와 달리 조금은 생기가 있었다.

"마을 사람들이 모두 삽을 들고 나섰습니다. 눈이 와도 염화칼슘을 쓰지 않고 힘을 합쳐 눈을 치웠더니, 강이 다시 얼었어요. 이제 축제를 열 수 있을 것 같습니다. 고맙습니다. 정말 고맙습니다."

얼음낚시

다행이다. 올해는 나도 얼음낚시 축제에 가 볼까? 강이 다시 얼어붙은 것처럼, 마을 사람들의 마음속에 자리했던 공포도 이제는 얼어붙었겠지?

화학 탐정은 어떤 방법으로 흰 고체가 염화칼슘인 것을 알아내었나?

염화칼슘

염화 음이온(Cl^-)과 은의 양이온(Ag^+)이 만나면 염화은($AgCl$)이라는 잘 녹지 않는 침전이 생깁니다. 또한 칼슘 양이온(Ca^{2+})과 옥살산 음이온($C_2O_4^{2-}$)이 만나면 잘 녹지 않는 침전, 즉 옥살산칼슘(CaC_2O_4)이 생기지요. 이 방법으로 칼슘 양이온과 염화 음이온의 존재를 확인했습니다. 마지막으로 금속의 불꽃 반응을 통하여 칼슘이 있다는 것을 재확인하였습니다.

$$Cl^- + Ag^+ \rightarrow AgCl \text{ (고체)}$$
$$Ca^{2+} + C_2O_4^{2-} \rightarrow CaC_2O_4 \text{ (고체)}$$

● 어는점 내림

액체 상태의 물이 고체 상태의 물, 즉 얼음이 되려면 물 분자들이 가지런히 정렬을 하여야 하지요. 하지만 물속에 양이온이나 음이온처럼 물 분자를 잡아당길 수 있는 물질들이 녹아 있으면 물 분자들이 정렬하는 것을 크게 방해합니다. 따라서 염화칼슘이 녹은 물은 0℃보다 낮은 온도에서 얼게 되는 것이지요. 녹아 있는 양이온과 음이온이 많으면 많을수록 어는점은 낮아집니다.

● 어는점 내림 ΔT_f공식

용액의 어는점 내림 정도는 용매 1kg에 녹아 있는 용질 입자의 몰수에 비례하며, 다음과 같이 표현됩니다. 조금 어려운 내용이지만 원리만 이해해도 충분합니다.

$$\Delta T_f = K_f \cdot m \cdot i$$

ΔT_f (어는점 내림)	순수한 용매의 어는점과 용액의 어는점의 차이입니다. (단위: ℃)
K_f (몰랄 어는점 내림 상수)	용매의 종류에 따라 결정되는 고유한 상수입니다. (물의 경우 1.86℃/m)
m (몰랄 농도)	용매 1kg에 녹아 있는 용질의 몰수입니다. (단위: mol/kg 또는 m)
i (반트 호프 계수, van't Hoff factor)	용질 1몰이 용매에 녹았을 때 실제로 용액에 존재하는 입자의 몰수를 나타냅니다.
1몰	$6.02214076 \times 10^{23}$개
M (몰 농도)	용액 1L에 녹아 있는 용질의 몰수입니다.

염화칼슘의 경우 CaCl$_2$ 하나가 녹으면 Ca^{2+} 1개와 Cl$^-$ 2개가 생기지요. 그러므로 염화칼슘의 반트 호프 계수는 3이 됩니다.

염화칼슘이 물에 녹을 수 있는 최대 몰랄 농도는 6.7에 육박하지요. 이것을 앞의 식에 대입하면 염화칼슘이 최대로 녹은 물의 어는점은, 이상적인 상황에서 영하 37℃ 이하라는 것을 알 수 있습니다.

$$\Delta T_f \approx (1.86℃/m) \times (6.713m) \times 3 \approx 37.4℃$$

실제 상황에서는 반트 호프 계수를 2.7을 써야 합니다(염화 이온과 칼슘 이온 사이의 상호 인력을 고려해야 하기 때문이지요). 이 보정된 반트 호프 계수를 쓰더라도 염화칼슘이 최대로 녹은 물은 영하 33℃ 아래에서나 얼게 됩니다.

이런 이유로 겨울철 제설제로 염화칼슘을 주로 사용하는 것이지요.

과학 퀴즈

바닷물이 영하에도 잘 얼지 않는 이유는 (어는점 내림, 끓는점 오름) 때문이다.

벗겨진 악의

🔍 **Hint** #킬레이트

✏️ 화학 탐정 일지

병태의 목소리는 다정했다.

"오늘 컨디션 어떠세요, 최 어르신?"

그러나 돌아오는 최 노인의 말은 그렇지 못했다.

"내가 몇 번을 불렀는데 이제야 와? 돈을 받았으면 그만큼 서비스가 좋아야 할 거 아냐?"

언제나 같은 최 노인의 레퍼토리. 귀를 무디게 하고 웃음을 지어야 넘어갈 수 있다. 웃음 뒤에 숨은 병태의 마음은 시들고 있었다.

병태는 부자 노인들이 인생의 마지막을 보내는 실버타운 내에 위치한 병원에서 근무하고 있다. 노인들의 마지막 시간의 고통을 덜어 준다는 보람에 그는 하루하루를 버틴다. 그러나 최 노인은 정말 끔찍하다. 세상의 악의를 모두 모아 둔 듯한 사람이다. 이런 사람에게까지 애정을 나누어 줄 이유를 병태는 찾지 못했다.

최 노인의 괴팍스러움이 극에 달한 어느 날, 병태는 홀로 병원 서버에 남은 환자의 기록을 뒤지고 있었다.

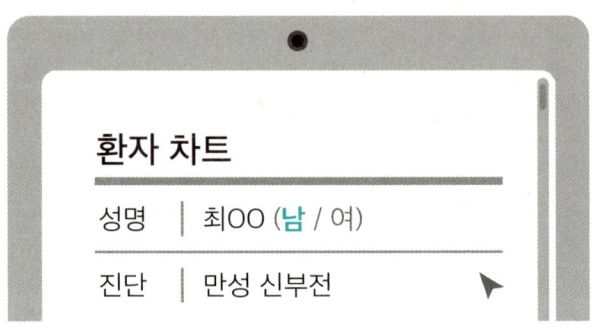

환자 차트

성명	최OO (**남** / 여)
진단	만성 신부전 ▶

"그래. 이제 당신의 고통을 끝내 주지."

병태는 최 노인을 위한 최고의 선물을 생각해 냈다. 그리고 **MRI 조영실**에 조용히 숨어들어 냉장고에서 작은 병을 하나 꺼내 들었다.

최 노인이 비타민 링거를 맞는 날이 왔다. 병태는 작은 앰플에 든 투명한 액체를 비타민 링거에 슬쩍 추가하였다. 며칠 뒤, 최 노인의 신장 기능이 급격히 악화되었다. 최 노인은 중환자실로 바로 이송되었다.

"이제 좀 조용해지겠군."

병태는 조용히 미소를 지었다.

얼마 뒤, MRI 담당 의사가 고개를 갸웃했다.

"이상하네. 조영제가 모자라. 사용 기록이 안 맞아."

그는 즉시 기록을 확인했다. 최근 병원에서 급격한 신장 악화를 겪은 환자의 수만큼 조영제 병이 없어졌다.

신고를 받은 나는 즉시 수사에 착수했다. 비타민 링거를 맞은 환자들이 신장 악화를 겪었다는 것과 그때마다 담당 간호사가 병태였다는 사실이 금세 밝혀졌다. 신장이 급작스레 나빠진 노인들의 혈액을 ICP-MS로 다시 검사했다. **가돌리늄 금속 이온**이 검출되었다. 가돌리늄은 암이 있는 부위를 밝게 보이게 만드는 성분으로 MRI 조영을 하지 않은 사람에게서는 검출될 수가 없는 금속이다. MRI 조영실의 냉장고 문에서는 병태의 지문이 발견되었다.

가돌리늄을 둘러싼 **킬레이트 리간드**처럼 마음의 독을 감싼 웃음을 보이던 병태는 곧 체포되었다.

"그래요. 내가 그랬어요. 돈만 있으면 사람을 벌레 취급해도 된다고 생각하는 지긋지긋한 노인들."

웃음기가 사라진 병태는 킬레이트가 벗겨진 가돌리늄 금속 이온처럼 독기를 내뿜고 있었다.

킬레이트 리간드란 무엇인가?

킬레이트 리간드란 2개 이상의 원자를 사용하여 하나의 중심 금속 이온과 동시에 결합할 수 있는 분자 또는 이온을 말합니다. 마치 게가 집게발로 무언가를 잡는 것과 유사하지요. 킬레이트 리간드의 이름은 그리스어로 게의 집게발을 의미하는 'chele'에서 유래되었습니다.

대표적인 킬레이트에는 EDTA(ethylenediaminetetraacetic acid)가 있는데, 물속에 있는 칼슘 이온이나 마그네슘 이온을 붙잡아서 비누 거품이 잘 일어나도록 할 수 있지요. EDTA는 마요네즈나 소스에도 들어 있습니다. 철 이온 등을 붙잡아서 음식이 산화되어 상하는 것을 막아 주지요. 치과에서 신경 치료를 할 때 치아에 뚫은 구멍에 채워 넣어서 구멍이 막히지 않게 하는 데도 쓰이고, 혈액을 채취하는 앰플에도 들어 있어서 칼슘 이온을 붙잡아 혈액이 응고되는 것을 막습니다.

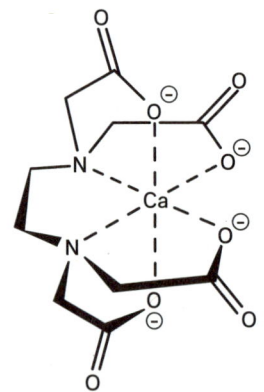

EDTA가 칼슘 이온을 붙잡고 있는 모습

가돌리늄 이온을 킬레이트 리간드가 붙잡고 있으면 가돌리늄 이온이 직접 노출되는 것을 막아서 MRI 조영제로 사용할 수 있지요. 극히 적은 양의 가돌리늄 이온은 킬레이트 리간드의 체포를 피할 수 있는데, 대부분의 사람에게는 문제가 없으나 신장이 안 좋은 사람들의 경우 심각한 신부전증을 유발할 수도 있습니다. 조영제는 사용 후 소변으로 빠져나가므로 정상인에게서는 문제를 일으키지 않으나, 신부전 환자들은 소변으로의 배출이 어려워서 독성이 쌓이기 때문입니다.

MRI 조영제란?

병원에서 사용하는 MRI 조영은 근육이 상한 부분을 찾거나 암이 어디에 있는지 등을 알아내는 데 아주 유용한 도구이지요. 가돌리늄을 MRI 조영제로 사용하면 암이 있는 부위를 아주 밝게 보이게 만들어서 암을 쉽게 찾을 수 있습니다.

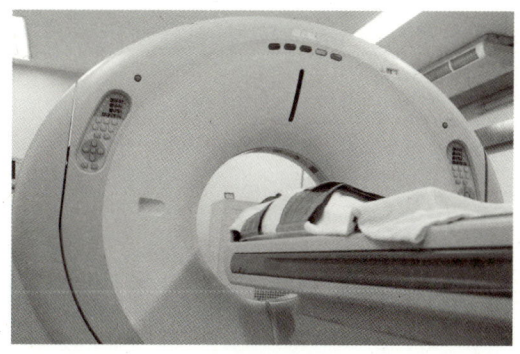

MRI 검사

ICP-MS란?

질량 분석의 기법 중 하나로, 물질에 들어 있는 금속의 조성을 파악하는 데 아주 유용하게 사용되지요.

과학 퀴즈

납이나 수은 중독의 경우 빠르게 중금속을 붙잡아서 없애는 데 사용되는 물질은?

사건 파일 30
공포의 젤리

🔍 Hint #삼투 현상 #고분자 물질

🖌 화학 탐정 일지

영기의 부모는 시장에서 건어물 장사를 한다. 늘 그렇듯 그날도 새벽 4시에 시장으로 향했다. 밤이 늦어서야 젖은 솜뭉치처럼 축 처진 몸으로 귀가한 부부는 식탁 위에 있는 **하얀 시루떡**을 보았다.

"영기가 변했나? 웬일이래?"

부부는 서로를 보며 웃음을 지었다. 4년째 백수 생활을 하고 있는 아들은 부부의 주름을 더욱 깊게 만드는 원인이었다.

"오늘은 효자 노릇 좀 했네."

아버지는 떡을 베어 물었다. 떡이 퍽퍽해 잘 넘어가지 않았지만 물을 마시며 억지로 삼켰다. 아들의 선물이니 잘 받아야 한다는 생각에. 부모가 들어와도 문도 안 열어 보는 아들이지만 오늘은 괘씸하지 않았다. 떡을 먹은 후 부부는 피곤에 곯아떨어졌다.

169

밤새 게임을 하고 새벽에야 잠이 든 영기는 다음 날 점심때가 다 되어서야 배를 긁으며 일어났다.

"엄마가 뭘 해 놓고 나갔나?"

식탁은 텅 비어 있었고 안방에서 미약한 신음 소리가 들렸다. 뛰어 들어간 영기의 눈에 식은땀을 흘리며 배를 부여잡고 괴로워하는 부모가 보였다.

몇 시간 후, 수술실의 창백한 불빛 아래에서 의사들은 질겁을 했다.

"아니, 이게 뭐야? 웬 흰 덩어리가 장을 꽉 막고 있잖아. 이건 정상이 아니야."

협조 요청을 받은 나는 병원으로 바로 출동했다. 영기 부모의 장을 꽉 채웠던 젤리 같은 덩어리는 기저귀에 쓰이는 **고흡수성 수지**처럼 보였다. IR(적외선) 분광기 분석 결과도 동일했다. 누군가가 영기의 부모에게 고흡수성 수지를 먹인 것이다. 그 누군가가 영기인 것은 너무나 쉽게 밝혀졌다.

"김영기 씨. 당신은 왜 떡에 고흡수성 수지를 넣었습니까?"

영기는 겁에 질린 눈으로 부인했다.

"제가 한 게 아닙니다. 아빠가 사 온 거예요."

하지만 영기의 방은 전혀 다른 이야기를 하고 있었다. 어지럽게 널린 빈 라면 그릇들 사이로 찢어진 배변 패드와 거기서 나온 흰 가루가 바닥에 흩어져 있었으니까.

영기는 결국 울음을 터뜨렸다.

"윗집… 윗집 노부부 손자들한테 주려고 했어요. 주말마다 아침부터 쿵쾅거리는 소리 때문에 잠을 잘 수가 없었다고요. 애들이 배탈이라도 나면 못 뛸 것 같아서. 떡을 주러 올라갔는데 아무도 없어서 나중에 주려다 그만 잊어버렸어요. 그냥 배탈이 좀 나게 하려고 했던 것뿐이라고요!"

나는 어이가 없어서 영기를 한동안 쳐다보기만 했다. 층간 소음 보복을 위해 배변 패드를 찢고 가루를 꺼내 떡에 집어넣는 영기의 일그러진 미소가 상상이 되었다.

영기의 엄마는 영기가 없는 집의 식탁에서 되뇌었다.

"내가 그 떡을 먹으며 얼마나 행복했는데."

영기에 대한 분노와 자식을 잘못 길렀다는 회한이, 젖어서 부풀어오른 기저귀처럼 영기 엄마의 가슴을 답답하게 채우고 있었다.

영기의 악의는 긴 시간 동안 형무소의 담장을 뚫고 나오지 못하게 되었다. 판사가 특수중상해죄에 적용할 수 있는 최고 형량을 판결했으므로.

🔍 과학 추리 수업

배변 패드에 있는 고흡수성 수지는 어떤 방식으로 물을 흡수하는가?

고흡수성 수지란 자기 무게의 수백 배에서 천 배에 달하는 물을 빠르게 흡수하고 가둘 수 있는 고분자 물질이지요.

배변 패드에는 주로 폴리아크릴산나트륨(sodium polyacrylate)이라는 고분자를 사용하는데, 고분자 사슬들이 그물 모양의 네트워크를 이루는 구조를 가지고 있습니다. 이 그물 같은 튼튼한 네트워크 구조 덕분에 수지가 물에 녹지 않고 젤 형태를 유지하면서 물을 가둘 수 있게 해 주는 것이지요.

그물 모양의 폴리아크릴산나트륨 구조

이 고분자에는 카복실산 음이온(-COO⁻) 부분과 나트륨 양이온(Na^+) 부분이 많으므로 고분자 안의 Na^+의 농도는 매우 높습니다. 수지 안에는 높은 농도의 Na^+이 있고 바깥에는 Na^+이 거의 없으므로 삼투 현상에 의해 Na^+ 농도가 낮은 곳에서 높은 곳으로 물이 이동하지요. 이것이 수지가 아주 많은 양의 물 분자를 가둘 수 있는 원리입니다.

고흡수성 수지는 기저귀, 생리대, 배변 패드 생산에 사용될 뿐만 아니라, 묘목을 심을 때 물을 가두어 제공하는 용도로도 사용되지요.

과학 퀴즈

아기들이 수영장에 들어갈 때 차는 방수 기저귀에는 고흡수성 수지가 (있다, 없다).

이제 30개의 사건 파일이 모두 마무리되었습니다. 각 사건 속에서 범인들이 남긴 사소한 실수들이 과학의 날카로운 눈앞에서 낱낱이 밝혀지는 것을 보며 어떤 생각이 들었나요? 혹시라도 '나는 어떠한 흔적도 남기지 않고 큰 사건을 저질러서 역사에 남을 악당이 될 거야'라는 엉뚱한 꿈을 꾸는 친구는 없겠죠? 반대로 세상을 구하는 히어로가 되겠다면 열렬히 응원할게요.

본격적인 AI 시대가 다가왔습니다. 미디어에서는 AI가 새로운 물질도 만들고 의료 행위도 다 해낼 것이라고 연일 떠들고 있죠. 그런데 정말 중요한 사실 하나는 이야기하지 않고 있어요. AI가 이런 놀라운 일들을 해내려면 아주 완벽한 과학 데이터가 제공되어야 한다는 점이에요. 엉터리 지식으로 훈련받은 AI는 여러분에게 거짓말을 할 거예요. 만약 AI가 거짓말을 한다면, 그것을 어떻게 알아차릴 수 있을까요?

미래에 엉터리 지식에 휘둘리지 않으려면 지금부터 준비해야 합니다. AI나 로보틱스가 크게 발전한 먼 미래에도 계속 필요한 인재가 되려면, 흔들리지 않는 탄탄한 과학 지식을 갖추고 오직 인간만이 할 수 있는 뛰어난 상상력을 발휘할 수 있어야 하죠. 이 책에 나오는 지식은 훌륭한 미래의 인재가 갖추어야 할 최소한의 소양이라고 생각하면 좋겠어요.

이 책이 여러분의 멋진 미래, 그 첫걸음을 함께할 '튼튼하고 안전한 신발'이 되길 바랍니다. 쉽게 닳지 않고 여러분을 과학적 사고의 길로 안전하게 안내해 줄 이 책을 신고, 미래를 향해 힘차게 발걸음을 내디디기 바랍니다. 나중에 우리 모두 정상에서 만나요.

· 과학 퀴즈 정답 ·

사건 파일 01 깨져 버린 우정

정답 매우 춥다.

해설 메탄과 에탄은 아주 낮은 온도에서 액
체로 변한다.

사건 파일 02 차 안의 시한폭탄

정답 작아진다.

해설 풍선의 부피와 온도는 비례한다.

사건 파일 03 은반지 소동

정답 환원

해설 황화은에서의 은의 산화수는 +1, 은
금속의 산화수는 0. 산화수가 작아지
는 것은 환원.

사건 파일 04 죽음의 기체

정답 생긴다.

해설 콜라는 산성이다. 락스는 산을 만나면
염소 기체를 만든다.

사건 파일 05 고양이들의 합창

정답 충분히

해설 소변을 희석하여 결석 형성 물질(칼슘,
옥살산 등)이 뭉치는 것을 막고, 결석
성분을 조금씩 녹여 소변으로 배출하
기 때문이다.

사건 파일 06 꺼지지 않는 불

정답 위험하다.

해설 배수구 클리너는 강한 염기성 용액이다.

사건 파일 07 사라진 뼈

정답 약해진다.

해설 뼈를 이루는 콜라겐을 만들려면 콜라
겐 섬유를 이루는 아미노산을 충분히
섭취해야 한다. 단백질은 우리 몸에서
소화되어 아미노산으로 변한다.

사건 파일 08 탐욕의 공기 방울

정답 많이

해설 높은 산은 바닷가보다 압력이 낮다. 캔 콜라와 주변과의 압력차가 클수록 기포는 더 격렬히 생긴다.

사건 파일 09 배터리의 폭발

정답 열이 나고 폭발할 수 있다.

해설 충전된 배터리 속의 리튬의 상태는 Li^0 이다. 물을 만나면 수소를 만들면서 열이 나는데 자칫 잘못하면 폭발한다.

사건 파일 10 인플루언서의 풀 파티

정답 이산화탄소 질식

해설 선풍기는 아무리 돌아도 산소 분자를 쪼개어 없애지 못한다.

사건 파일 11 맨홀 아래의 트릭

정답 14g

해설 질소 1몰의 질량은 28g이고 이때 부피는 22L 정도이다. 이 양의 반이 있으면 11L가 된다.

사건 파일 12 범죄 현장을 밝히는 반딧불이

정답 형광

해설 반딧불의 불빛은 대표적인 형광이다.

사건 파일 13 녹슨 마음

정답 +2

해설 O의 산화수는 -2이다. 산소 하나에 Mn 하나가 대응되므로 전기적 중성인 MnO 안의 Mn의 산화수는 +2가 되어야 한다.

사건 파일 14 붉은 물

정답 어리석은

해설 주물은 Fe, 놋그릇은 Cu이다. 둘이 물 속에서 붙어 있으면 글에서 일어난 일이 그대로 발생한다.

사건 파일 15 오디션

정답 때문이다.

해설 당알코올은 대장 세포에서 물 분자를 빼앗는다. 대변 쪽의 당알코올의 농도가 대장 세포 속의 당알코올의 농도보다 크기 때문이다. 물은 농도가 낮은 쪽에서 높은 곳으로 이동.

사건 파일 16 극한 생존

정답 돌을 달구어 물을 끓인다.

해설 주변에서 우묵하게 들어간 나무나 돌을 찾고 거기에 물을 담은 후 뜨겁게 달구어진 돌을 넣으면 물이 끓으며 살균이 된다.

사건 파일 17 분노의 폭발
정답 섞으면 안 된다.
해설 배수구 클리너는 강염기. 과산화수소
는 강염기를 만나면 폭발한다.

사건 파일 18 가마우지
정답 비타민 C를 녹인 물에 담그고 헹군 후
맑은 물로 씻어 낸다.
해설 비타민 C가 아이오딘을 환원시켜 색을
없앤다(본문 참조).

사건 파일 19 사라진 갈비
정답 덧난다.
해설 키위의 단백질 분해 효소가 상처의 단
백질을 분해하며 상처가 낫는 것을 방
해한다.

사건 파일 20 새어 나온 실수
정답 열어야
해설 도시가스가 연소되며 집 안의 산소를
빠르게 소모시킨다. 공기 중 이산화탄
소 농도가 높아지게 되어 건강에 해를
끼친다.

사건 파일 21 유전자의 보복
정답 조금 다르다.
해설 사람은 일생 동안 유전자의 변이를 겪
게 된다.

사건 파일 22 건강한 독
정답 효소와는 아무 상관 없이 위액의 산성
을 중화시킨다.
해설 제산제는 염기성 물질로 위산과 만나
중화 반응을 한다. 일반적인 약이 효소
의 작용을 방해하는 것과는 완전히 다
른 경로로 속 쓰림을 치료하는 것이다.

사건 파일 23 타오르는 흰 가루
정답 발열 반응
해설 열이 나오는 것을 발열 반응이라고
한다.

사건 파일 24 방귀 폭탄
정답 아니오.
해설 프로판가스는 공기 중의 질소나 산소
분자보다 무겁다. 따라서 프로판가스
는 건물의 아랫부분을 채운다.

사건 파일 25 시간의 위조범

정답 $\frac{1}{4}$

해설 두 번의 반감기를 겪는다. 5,730년 후에 $\frac{1}{2}$의 양으로 변하고 이 $\frac{1}{2}$이 다시 5,730년 후에 반이 되므로 처음 양의 $\frac{1}{4}$이 된다.

사건 파일 26 터지는 거품

정답 있다.

해설 효모는 발효하며 알코올을 만든다.

사건 파일 27 굳어 버린 미소

정답 다.

해설 단량체가 연결되어 고분자가 되어 딱딱해졌다.

사건 파일 28 추위에도 얼지 않는 강

정답 어는점 내림

해설 소금물에 들어 있는 나트륨 및 염화 이온은 물 분자가 정렬하여 액체가 고체가 되는 것을 방해한다.

사건 파일 29 벗겨진 악의

정답 킬레이트

해설 EDTA와 같은 킬레이트 화합물은 중금속을 가운데 가두고 소변으로 빠져나가게 한다.

사건 파일 30 공포의 젤리

정답 없다.

해설 말 그대로 방수 기저귀이다. 변만 걸러 내고 소변은 전혀 거르지 못한다. 아이들이 많이 노는 풀장은 아이들 소변으로 가득 차 있다.

화학자 K의
추리 과학실

2026년 03월 25일 초판 01쇄 발행
2026년 05월 04일 초판 02쇄 발행

지은이 이광렬

발행인 이규상
편집장 김은영
기획편집 정윤정   편집 강정민
마케팅 윤선애   디자인 두형주

펴낸곳 (주)백도씨
출판등록 제2012-000170호(2007년 6월 22일)
주소 03044 서울시 종로구 효자로7길 23, 3층(통의동 7-33)
전화 02 3443 0311(편집) 02 3012 0117(마케팅) 팩스 02 3012 3010
이메일 editor@100doci.com(투고·편집 문의) valva@100doci.com(유통·사업 제휴)
블로그 blog.naver.com/100doci_   인스타그램 @blackfish_book   X @BlackfishBook

ISBN 978-89-6833-536-5 03400
ⓒ 이광렬, 2026, Printed in Korea